研磨心态
收获自在

YANMO XINTAI
SHOUHUO ZIZAI

晓媛 编著

只有对前途乐观的人，
才能不怕黑暗，才能有力量去创造光明。
乐观不是目的，而是人生旅途中的一种态度。

煤炭工业出版社
·北京·

图书在版编目（CIP）数据

研磨心态，收获自在/晓嫒编著．－－北京：煤炭工业出版社，2018（2021.6重印）
ISBN 978-7-5020-6474-7

Ⅰ.①研… Ⅱ.①晓… Ⅲ.①人生哲学—通俗读物 Ⅳ.①B821-49

中国版本图书馆 CIP 数据核字(2018)第 017574 号

研磨心态　收获自在

编　　著	晓　嫒
责任编辑	马明仁
编　　辑	郭浩亮
封面设计	浩　天
出版发行	煤炭工业出版社（北京市朝阳区芍药居35号　100029）
电　　话	010-84657898（总编室）
	010-64018321（发行部）　010-84657880（读者服务部）
电子信箱	cciph612@126.com
网　　址	www.cciph.com.cn
印　　刷	三河市京兰印务有限公司
经　　销	全国新华书店
开　　本	880mm×1230mm $^1/_{32}$　印张　$7^1/_2$　字数　150千字
版　　次	2018年1月第1版　2021年6月第3次印刷
社内编号	9354　　　　　　　　定价　38.80元

版权所有　违者必究

本书如有缺页、倒页、脱页等质量问题，本社负责调换，电话:010-84657880

前 言

有什么样的心态，就有什么样的人生。

一个人是否能在激烈的竞争中获得最终的胜利，最重要的不仅仅是他的个人能力和经验，还在于他的态度。

成功者相较于失败者，最大的区别就在于前者以一种积极乐观的态度去对待人生中各种莫测的际遇，而后者却用一种消极悲观的态度来面对一切。很多事情就是这样，同样一份工作，当你用不同的态度去对待时，各种的结果就会截然不同。正如一位哲学家所说："成功与否并不取决于我们是谁，而取决于我们持有什么样的态度。"

每个人的人生历程都不可能一帆风顺，难免会遇到各种失败和挫折，如何对待失败和挫折，对于每个人来讲都将是考验。很多人都追求成功而害怕失败，一时失败就会表现出一副愁眉不展的样子。实际上，失败并不可怕，关键是你对待失败的态度是怎样的。

用乐观的心态来排除一切阻碍我们前进的障碍，坚定自己战胜挫折的信心和勇气，向着目标努力奋斗。而保持这种态度需要坚定自己的意志，把阻碍我们的困难与挫折当作是一次挑战和考验。

人的一生不可能是风平浪静、一帆风顺的，如果真有这样的人，那么他也并不快乐，因为他失去了做人的真正意义。由于在我们的生活中会遇到许多的坎坷和困难，所以我们需要勇敢地去进取、去面对，若不去正视与克服这些关隘，就会彻底地堵塞通往成功的大路。而克服这些困难就需要我们具备这种知难而进的精神，如果具备了这样的精神，那么我们通向成功的必经之路也就为之打开了。

上天是公平的，成功也是公平的，没有谁的一生永远是平安、幸福的，也没有谁的一生永远是挫折、不幸的。在我们的成长过程中，常常会面临着成功、失败、就业、创业、晋升等问题，但是不管怎么样，我们都需要以一种积极乐观的态度来迎接困难的挑战，只有这样我们才会得到成功的青睐。

目 录

|第一章|

乐观生活

培养乐观精神 / 3

笑对困境 / 10

宽心待事 / 18

不抱怨生活 / 22

快乐生活 / 32

不被一时的成败所困扰 / 37

|第二章|

研磨心态，收获自在

不要让自私毁掉自己 / 45

不要牢骚满腹 / 52

自我调节 / 56

放下坏心情 / 63

控制欲望 / 69

学会遗忘 / 74

坦然接受批评 / 78

|第三章|

一切美好源于心态

一念之间 / 85

态度决定命运 / 92

良好的心态是无价的 / 98

成功的起点是培养一个好心态 / 107

你的心态阻碍了成功 / 114

改变心态就会改变人生 / 121

|第四章|

不为明天而担忧

克服内心的忧虑 / 131

不为明天而担忧 / 136

走出不幸 / 141

杜绝浮躁心理 / 145

化解压力 / 151

清除内心的障碍 / 156

善于化解心中之结 / 159

|第五章|

希望一直在

不问出身 / 167

希望永远都在 / 176

做个积极向上的人 / 181

成功与失败的一念之差 / 186

|第六章|

欣赏自己

打开自卑的枷锁 / 193

认清自己 / 198

欣赏自己 / 204

不要看扁自己 / 211

你是最棒的 / 217

克服懦弱 / 223

第一章

乐观生活

第一章　乐观生活

培养乐观精神

　　乐观，作为人诸多性格中一种最积极的因素，就是无论在多么艰难的环境下，也保持一种良好的心态，相信一切都将过去，困难和挫折只是暂时的。在我们的生命中，乐观犹如一泓不会枯竭的清泉，总能带给我们清冽的味道和鲜活的活力。

　　有这样一则小故事：傍晚时刻，两个盗贼从一个绞刑架下经过，其中一个愤愤地说："该死的东西，如果没有它，我们的日子将会好过很多。"另一个却骂道："白痴！如果没有它，哪轮到我们吃这碗饭啊！"同样身为盗贼的两个人，面对同一个绞刑架，却有截然相反的看法和感受。一个盗贼认为就是因为绞刑架的存在，才让他们整天过着提心吊胆的日子——这确实是事实；另一个盗贼却认为，就是因为绞刑架的存在，才让更多的人不敢去偷盗，他们也才能以此为生——也确实是这样的道理，如果盗贼太多了，他们的饭碗不就砸了吗，日子怎么可能会好过？

人生中的许多道理就是这么简单。对于一件小事，如果以一种乐观的态度去看待和面对，总能从中找出积极的因素来；而如果以一种悲观的眼光去看待，就只能看到消极、阴暗的一面。古人说，人生不如意十有八九，这就是一种客观存在。对每个人都一样，不会以某个人的意志为转机，但我们完全可以通过转变自己的态度来改变它，用一种乐观的态度来看待它。其实，一味地沉浸在悲观之中，也并不能使事情有任何改变，只会使不如意的事情变得更不如意，就像你讨厌一个人，会越看越讨厌一样。既然悲观于事无补，那我们何不用一种乐观的态度来面对呢？就算这样，也并不会有任何改变，可起码我们的心里会舒服一些。

在美国郊区的一个小山丘上有一座特殊的房子，它不含任何有毒物，完全以自然物质搭建而成。住在这个房子里的人叫辛蒂，她需要人工灌注氧气以维持生命，以传真维持着与外界的联络。

1985年，辛蒂在医科大学念书，有一次在上山散步，带回

第一章　乐观生活

一些虫子。她想拿杀虫剂把虫子去除的时候，忽然感觉一阵痉挛，原以为那只是暂时性的症状，没有料到自己的后半生就毁于一旦，杀虫剂内含的化学物质使辛蒂的免疫系统遭到破坏，她对香水、洗发水以及日常生活接触的化学物质一律过敏，连空气也可能使她支气管发炎。这种奇怪的病目前并没有药物可以治疗。

患病的头几年，辛蒂忍受着常人无法想象的痛苦，睡觉的时候口水流淌，尿液变成绿色，汗水和其他排泄物还会刺激背部，形成疤痕。她不能睡经过防火处理的垫子，否则会引发心悸的危险。1989年，她的丈夫用钢和玻璃为她盖了一个无毒的房间，一个足以逃避所有威胁的世外桃源。辛蒂所有吃的喝的都经过选择和处理，她平时只能喝蒸馏水，食物中不能含任何化学成分。

在生病的8年时间，35岁的辛蒂没有见到过一棵花草，听不见悠扬的声音，感觉不到阳光流水。她躲在没有任何饰物的小屋里，饱尝孤独之余还不能放声大哭。因为她的眼泪和汗液一样，可能成为威胁自己的毒素。而辛蒂没有在痛苦之中自暴自弃,她不仅为自己,也为所有化学污染的牺牲者争取权益而奋战。1986年,辛蒂创立了"环境接触研究网",致力于此类疾病的研究。1994年,她与另一个组织合作,设立了"化学伤害资讯网"。目前这一"资讯网"已经有5000多名来自32个国家的会员,不仅发行刊物,还得到了广泛的支持。

辛蒂的不幸是我们很难想象的,我们感觉这样的不幸离我们太过遥远,而当不幸降临的时候,我们又该怎么去面对?辛蒂在寂静无毒的世界里坚强而充实地生活着。她说她不能流泪,所以选择微笑面对生活。

当有不愉快的事情降临的时候,我们务必要保持乐观精神,而不能被一时的阻碍所俘虏。虽然这个世界不以我们的意志为转移,但我们可以改变自己的心态,从而更好地适应生活,享有一个美丽而安宁的精神世界。古希腊哲学家艾皮克蒂塔曾说:"一个人的快乐与幸福,不是来自于依赖,而是来自对外界运行规律的追求。"

乐观的人能够把自己的烦闷和苦恼排解出自己的大脑,知道用乐观的心理来应对其他的一切,以便让自己的每一分每一秒都有意义和价值。

詹姆斯就是一个乐观的人。当别人问他最近过得如何,他

第一章　乐观生活

总是可以带给你令人琢磨不到的好消息。

他是美国一家餐厅的经理，当他换工作的时候，许多服务生都跟着他从这家餐厅换到另一家，这是为何呢？因为詹姆斯是个天生的乐天派，如果有某位员工今天状态不佳，运气不好，詹姆斯总是适时地告诉那位员工往好的方面想。

这样的情况真的让人很好奇，所以有一天有位友人到詹姆斯那儿问他："没有人能够老是那样积极乐观，你是怎么办到的？"

对此，詹姆斯回答："每天早上我起来告诉自己，我今天有两种选择，我可以选择好心情，或者我可以选择坏心情，而我总是选择有好心情。每当有不好的事发生，我可以选择做个受害者，也可以选择从中学习，而我总是选择从中学习。每当有人跑来跟我抱怨，我可以选择接受抱怨，或者指出生命的光明面，而我总是选择指出生命的光明面。"

"但并不是每件事都那么容易啊！"这位友人抗议说。
"的确如此，"詹姆斯说，"生命就是一连串的选择，每个状况都是一个选择——你要选择如何回应，你要选择人们如何影响你的心情，你要选择处于好心情或是坏心情，你要选择如何过你的生活。"

数年后，这位友人听到詹姆斯意外地做了一件你绝对想不到的事：有一天他忘记关上餐厅的后门，结果早上3个武装歹徒闯入抢劫，他们逼着詹姆斯打开储钱的保险箱。詹姆斯由于过于慌乱，弄错了一个密码，激怒了抢匪。于是，他们开枪射击詹姆斯，遭受重伤的詹姆斯被邻居及时发现，送到医院进行紧急抢救。医生施行手术的时间超过了18个小时，术后经过悉心照顾，詹姆斯终于出院了，但还有一颗子弹留在他身上……

听完这事之后不久，这位友人遇到詹姆斯，便问他最近怎么样？他回答："如果我再过得好一些，我就比双胞胎还幸运了。要看看我的伤痕吗？"友人婉拒了，但他问了詹姆斯当抢匪闯入的时候他的心情变化。

詹姆斯答道："我想到的第一件事情是我应该锁后门。当他们击中我之后，我躺在地板上，还记得我有两个选择：我可以选择生，或选择死。我选择活下去。"

"你不害怕吗？"友人问他。

詹姆斯继续说："医护人员真了不起，他们一直告诉我没

第一章　乐观生活

事,放心。但是在他们将我推入紧急手术间的时候,我看到医生跟护士脸上忧虑的神情,我真的被吓倒了。他们的脸上好像写着——他已经是个死人了。我知道我需要采取行动!"

"当时你做了什么?"友人又问。

詹姆斯说:"当时有个护士用吼叫的音量问我是否会对什么东西过敏。我回答:'会。'这时,医生跟护士都停下来等待我的回答。我深深地吸了一口气喊道:'子弹!'等他们笑完之后,我告诉他们:'我现在选择活下去,请把我当作一个活生生的人来开刀,而不是一个活死人。'"

詹姆斯能活下来当然要归功于医生的精湛医术,但同时也由于他令人惊讶的乐观态度。他的那位友人从他身上学到,每天你都能选择享受你的生命,或是憎恨它。这是唯一一件真正属于你的权利。没有人能够控制或夺去的东西,就是你的乐观态度。如果你能时时注意这件事,你生命中的其他事情都会变得容易许多。

笑对困境

　　培根说过："超越自然的奇迹多是在对逆境的征服中出现的。"我们人类就是在挫折里一次次地得到成长，一次次地克服困难，一次次地创造出奇迹。挫折不仅激发出我们的智慧，也让我们更加成熟。

　　"当生活像一首歌那样轻快时，"威尔克科斯说，"笑颜常开乃易事；而在一切事都不妙时仍能微笑的人才活得有价值。"

　　不幸出现在我们的生活里不足为奇，然而，当我们遭遇不幸的时候，我们应该重视它的存在价值和利用价值，而不是一味地躲避退缩。

　　诚然，生命之花刚刚萌芽，却遭风吹雨打；事业之帆刚刚起程，就遭遇暗礁、险滩，这真的是很不幸。但是，你大可不必哀哀泣泣，辩证地分析一下，那些"坏"的东西里面或

第一章　乐观生活

许也会存在着一些积极的因素。在一定条件下，是否可以引出"好"的结果呢？那些总是回避不幸、悲叹不幸、屈服不幸的人，最终只能成为不幸的阶下囚，被不幸吞噬掉。一个人只有把生活中遭遇的不幸当作前进道路上的阶梯，才能被成功的曙光照耀。其实，人生正是在这种一高一低的跋涉中走完自己生命历程的。

乐观地面对困难，多一些快乐，少一些烦恼，你就会惊奇地发现，这不仅会使你的工作充满乐趣，还会让你获得幸福的感觉。你甚至还会发现，你自己已经变成了一个更为优秀、更为完美的人了。

你如何看待困难，将完全取决于你自己的态度。在我们每一个人心中都有乐观向上的力量，它使你在黑暗中看到光明，在痛苦中看到快乐。

戴尔·卡耐基就说过："生活就像是一面镜子，你对它哭，它就对你哭；你对它笑，它就对你笑。"改变心态，付诸行动，在奋斗中寻找和校正自己的人生理想，也许就会改变你的一生。应该相信黑暗过后总会有曙光，茫然过后总会有新希望。在短暂而宝贵的一生中，光阴易逝，青春难再，与其对眼前现状长嘘短叹，郁郁寡欢，还不如调整心态笑对生活。用行动抹去生活阴影，积极而扎实地奋斗着，有人生目标，对生活有所追求，日子过得充实而忙碌，生活才会更加有意义。

一只蚌最近总是感觉到身体里面有个东西在折磨着它，这使它痛苦万分。一天，它向另一只蚌哭诉："我身体里面有个圆圆的、沉重的家伙，给我的生活带来了很大的不便，我简直难以忍受了。"它的伙伴听了，庆幸地说："那你真是太不幸了，还好，我的身体健全无恙啊！"这时，一只老龟听了它们的谈话，它安慰那只被痛苦折磨的蚌说："孩子，你现在虽然痛苦，但是你却在孕育着一颗美丽的珍珠，你的朋友虽然没有痛苦，但它却最终一无所有。"

生命就是在不断地历练中成长与壮大的。承受苦难、受尽磨难是成功路途中必经的历程，只有勇于承受痛苦，敢于追求上进，生命才会更有意义，也才更精彩。

在日本，有这样一则古老的故事：从前，有一个樵夫，他每天清晨便到森林里面去砍树，他的妻子则在家里收拾家务。一日，樵夫早早收工了。当他到家门口的时候，他从窗子外面看到妻子和本村的当铺老板在家里偷情。当他开门进屋的时候，清楚地看到了当铺老板钻进了柜子里面躲了起来。面

第一章　乐观生活

对慌张的妻子，樵夫还是像往常一样走上前去拥抱了她，并且还似乎颇为兴奋地告诉她说："今天，我遇见了森林之神，他赐予了我一对千里眼。"他环视了一下屋子，告诉妻子，他发现房间的柜子里藏了一件值钱的东西，至少可以卖50个金币。并且，他快速地将柜子上锁，将它扛到当铺，向伙计要价50金币。接着，樵夫走到外头悠闲地踱步、抽水烟，让伙计慢慢考虑这笔生意。这时，柜子内闷得快要窒息的当铺老板让伙计快些付钱，好放他出来。

　　故事中，樵夫在非常时刻依然能够保持冷静、幽默，将自己脱离愤怒的情绪，以一个既实际又能发泄怨气的方法来处理事情是十分理智的。他不但轻松地赢得了50个金币，报了一箭之仇，同时又证明了他的高人一筹，无须担心此事有失面子。此外，樵夫也因此可以更容易地面对或处理自己的痛苦。反之，如果樵夫在盛怒中杀了当铺老板，那他也会被判死刑，后果得不偿失。

　　夏洛特·吉尔曼在他的《一块绊脚石》中描述了一个登山的行者，突然发现前方有一大块巨石挡路，他悲观失望，祈求这块巨石赶快离开，但它一动也不动。他被激怒了，他摘下帽子，抛下手杖，卸下沉重的登山包，径直向那块可恶的石头冲过去。不经意间，他就轻易地翻越了这块巨石，就好像它根本就没有存在一样轻松。

　　事实证明，每个人都可能遇到很严重的问题，但处理的方法可以完全不同，成天忧心忡忡能解决问题吗？解决问题的办法只垂青那些懂得怎样追求它的人。世界著名成功学家拿破仑·希尔说："有些人似乎天生就会运用积极思维，使之成为成功的原动力；而另一些人则必须学习才会使用这种动力。可是，我们发现，每个人都能够学会使用积极思维。"

　　古希腊哲人赫拉克利特说："一个人的性格就是他的命运。"一个人如何面对自己的命运，命运就会以什么样的面貌回报他。有时，命运就像是一个欺软怕硬的家伙，当你对它屈服时，它就会对你拳打脚踢，让你永不翻身；当你对它嗤之以鼻时，它会自动退缩，给你奉上它最好的礼物。

　　与病魔苦斗了25年、双腿瘫痪的乐严是我身边的一个最具抗争力的男孩。童年时的他也很快乐，虽然母亲患精神病多年并经常跑得不知去向，但在奶奶和父亲的呵护下，他健康地成长起来。8岁时他意外地摔伤了腿，对于一个在这样的家庭背景

第一章　乐观生活

长大的孩子而言，命运无疑是不幸的。

3年之后，他的身体出现了一系列变化，走路时经常突然单膝跪地站不起来，上楼时感觉腿脚无力，只能扶墙而行；骑车上学的路上时不时摔倒。不得已，他只好到医院做检查，结果被检查出患有先天性心脏病，医生怀疑是心脏病导致种种症状。11岁的乐严第一次被推上了手术台。但术后症状依然没有改善，无奈的父亲把他带到市里进行全面检查，检查结果让全家人震惊——脊椎骨三四节处骨折内凹。医生说，做手术只有10%的成功率，如果失败，他的脑部以下就会瘫痪。但不做手术，他的余生只能在轮椅上度过。正当父亲为高额的医药费发愁时，懂事的他做出了人生中最重要的决定——拒绝手术。回到家后，坚强的他依然坚持每天上学，邻居们也总能看见他拖着残疾的双腿进进出出。

本以为这是生活给予的最不幸的结局，可上天并没有给艰难的一家人喘息的机会。当他16岁时，父亲突发脑溢血，如果不是抢救及时，父亲也会离他而去。面对这样的困境，他不得不放弃学业。行动越来越不便的他为帮父亲分担医药费，到父亲所在工厂做垃圾分拣工,早晨4点出门卖烟,晚上下班卖报纸,还借钱在家开起了小卖店。时而神志清醒的母亲,每每看见儿子步履蹒跚的身影都会流下眼泪,可要强的乐严总是笑着说:"我不累。"19岁时乐严不得不坐在轮椅上,每天要吃5种以上的药物来维持不断恶化的病情,一家人的医药费对父母每月800元的退休金来说简直就是天文数字。乐严开始变得烦躁,对生活失去了信心。

一个偶然的机会,他遇到了与他有相似遭遇的王先生,王先生原来有一份不错的工作,还有一位漂亮的妻子,可一场交通事故使他失去了双腿,妻子也离他而去,面对生活的突变,王先生想到了死……听着王先生的遭遇和鼓励,乐严站了起来。之后再度手术的乐严虽然身体状况每况愈下,四肢肌肉渐渐萎缩,就连抬手也要用力向上甩,但他还是坚持学习和写作,如今的他还能帮助别人树立信心。

乐严的坚强和助人的行为得到了回报,许多人把他家作为帮扶对象,每到年节,都会为他家送去米面。"虽然我身患残疾,但我能快乐地度过每一天。这就是一个真实的我。"乐严

第一章　乐观生活

经常笑着对我们这样说。

　　生活中的我们，随时都有被命运捉弄的危险。可是，我们必须笑对它，将它阴森的面目看轻，活出自己该有的骨气。在任何时候都不要忽略了真实的自己的存在。

　　在这个世界上，别人可能看轻我们，但我们不能看轻自己。命运的宠儿毕竟是少数，那我们就没有必要去羡慕他们的好运。要知道好运不会白白落在任何人头上，唯有笑对命运，命运才不会将我们看轻，才会给予我们幸运、幸福。

宽心待事

　　宽心待事的心态就是遇事有一颗平常心，在做事时笑对成败。中国自古讲究"胜不骄，败不馁"。笑对成败、荣辱不惊是一个人修心达到的高境界，是人都应该具备的。没有一颗宽心，就不会有一个好的人生。

　　在这个世界上，往往是成功者活得潇洒自在，失败者过得空虚难熬。有这种强烈反差的原因，更多的是失败者产生了失衡的心理，他们因为自己心态的不正确而产生了嫉妒和仇恨。嫉妒和仇恨就像一个镣铐，这个镣铐又是自己给自己戴上去的。戴着这种镣铐的人，他永远不能在事业上超过他人，有时候还会成为社会不和谐的因素。

　　活在当下、遇事宽心最重要的就是要失败者调整好自己的心态。当他遇到困难和挫折时，对事，我们不能只挑选很容易的

第一章 乐观生活

倒退之路；对人，我们不能有"你不仁我就不义"的以牙还牙思想，否则，我们就会陷入更加惨败的深渊。我们要学习成功者的经验，在眼前遇到困难时，首先要怀有挑战困难的意识。困难和挫折同样会使他们很痛苦，但他们会不停地告诫自己"我忍，我再忍""一定有办法""说不定还是好事"等，自己用一些积极的意念鼓励和安慰自己，这样他们会发挥自己最大的潜能，想尽一切办法，使自己不断前进，直至最后的成功。

这就是成功人士所谓的宽心待事，这种宽心待事使我们在失败面前不至于自怨自艾，能使我们把更多的精力用在解决问题上。因此，宽心待事是进取心的基础，在平和的心态中人能获得更多对自己有益的东西。拥有平和的心态，又能积极地进取，就可以造就伟大的成功；消极思想的堆积，足以让人万劫不复。

成功最大的敌人就是自己失势时的消极——这是不正常的。这种不正常的心态常常把我们绊倒。要想在当下活得洒脱，必须牢固树立积极的心态，彻底清除消极的心态。正如沙士比亚所说："消极是两座花园之间的一堵墙壁，它分割着四季，惊扰着安息，把清晨变为黄昏，把白昼变为黑夜。"

宽心待事，就是保持一种"轻松平和"的心态，正确地看待自己，平和地对待别人，努力与周围的环境保持和谐。人生活在当下，自然要与他人、与社会发生这样那样的联系，以一颗平常的心态去做人做事，有时能决定你人生的成功。

在清朝时，有一位叫吴棠的人在江苏做知县。一天，有人来报，说吴棠的一位世交过世，送丧的船就停泊在城外的运河上。吴棠就派差役送200两银子，并约改日去吊唁。

差役送完银子回来，描述送银子时的情形，这与吴棠的世交不相符，细问才知道送错了对象。吴棠为此很生气，立刻命令差役追回这200两银子。

可身边的师爷思考了一下，就提醒吴棠，说送出去的礼再要回来，这样的知县就会显得很小气，不如因此做个顺水人情。吴棠想了想觉得也对，第二天还专门到船上去吊唁。

原来，错送银子的船上也是一家送丧的，而且是两个满洲姐妹，因为家道中落，没有男丁，才使用两个女人护柩北上。她们一路上孤苦伶仃，从没有人上船嘘寒问暖，没想到却在这里遇到了父亲的故友旧交，心里百感交集。

吴棠在船上吊唁了一番，又与两姐妹叙谈，在殷殷关切之后，便起轿回衙了。

不承想山不转水转，多年之后，两姐妹中的姐姐成了慈禧太后，成了清朝的最高统治者。但慈禧太后没有忘记当年的吴知县，在朝堂中多有询问。最后吴棠做了巡抚，显赫一时。

假如吴棠以"我凭什么要送给她"的心态思考处理此事，结果有两种可能：第一种遭人笑话，知县的面子无存，还有暴露财产来源不明之嫌；第二种就是遭到姐妹的记恨。以慈禧的性格，事后不把他抄家问斩才怪呢！这样，他的命运就会改变，直至最后丢官丧命，甚至殃及全族。

很多人在心态失衡的状况下，他们总是把名利、得失看得很重，一旦事情不如自己的意，他们就觉得自己身边"黑暗"无比，感到自己在现实中很难被人很公正地接受和认可，做事更是处处失败。可怕的是，这种情绪反过来会强化他们的消极心态，人会因此陷入恶性循环当中，就不会再有成功了。

所以，不论我们成功的难度有多大，只要我们生存在这个星球上，行走在这个世界里，就要以积极健康的平常心来面对一切得失。这样，能使自己养成一种宽心待事的积极心态，让你的前进畅通无阻。

不抱怨生活

> 卢梭说:"生活得最有意义的人,并不是年岁活得最大的人,而是对生活最有感受的人。"

上帝给每个人一杯水,于是,人们从里面体味生活。

当你刚刚来到世界时,你的人生就好像是一杯清澈透明、无色无味的水,而正是因为有了生活的介入,这个杯子才变得丰富多彩,五味俱全。然而生活的总量是不会改变的,它始终是一个杯子,而生活是否有意义完全取决于你自己。

一个铁匠想打造出一把锋利的宝剑出来,于是把一根根长长的铁条插进了炭火中,等到烧得通红,然后取出来用铁锤不停地敲打。如此反复了不知多少次,铁条变成了一把剑。可是他左看右看,觉得这把剑并不符合自己的要求,于是又把它

第一章　乐观生活

放进了通红的炉火烧，然后拿出来继续敲打，他希望能把它打得再扁一点，成为一个种花的工具，谁知还是觉得不满意。就这样铁匠反复把铁条打成各种工具，结果全都失败了。最后一次，当他们把烧得通红的铁条从炭火里取出来之后，茫茫然竟不知道该把它打造成什么工具好了。实在没有办法了，他随手把铁条插进了旁边的水桶中，在阵阵"嘶嘶"声响后，铁匠说："虽然这根铁条什么也没打造成，可至少我还能听听'嘶嘶'的声音。"

很多人在遭遇失败后，最先做的就是不停地抱怨，而不是从中吸取教训。这样的行为不但会使他们失去成长的机会，生活也会因此而变得枯燥和充满烦恼。相反，对于那些面对失败保持乐观的人而言，不但不会因此而到处抱怨，而且他们总是能在其中体验到乐趣。

对于一个乐观者而言，面对任何事情他们都不会去抱怨，这也是那些伟大的成功者之所以能取得成功的主要原因之一。

在1888年的大选中，美国银行家莫尔当选副总统，在他执政期间，声誉卓著。当时，《纽约时报》有一位记者偶然得知这位总统曾经是一名小布匹商人，感到十分奇怪：从一个小布匹商人到副总统,为什么会发展得这么快?带着这些疑问,他访问了莫尔。

莫尔说:"我做布匹生意时也很成功,可是,有一天我读了一本书,书中有句话深深地打动了我。这句话是这样写的:'我们在人生的道路上,如果敢于向高难度的工作挑战,便能够突破自己的人生局面。'这句话使我怦然心动,让我不由自主地想起前不久有位朋友邀请我共同接手一家濒临破产的银行的事情。因为金融业秩序混乱,自己又是一个外行人,再加上家人的极力反对,我当时便断然拒绝了朋友的邀请。但是,读到这一句话后,我的心里有种燃烧的感觉,犹豫了一下,便决定给朋友打一个电话,就这样,我走入了金融业。经过一番学习和了解,我和朋友一起从艰难中开始,渐渐干得有声有色,度过了经济萧条时期,让银行走上了坦途,并不断壮大。之后,我又向政坛挑战,成为副总统,到达了人生辉煌的顶峰。"

莫尔取得的成功来自于他乐观的心态,面对自己的出身低微,他没有一丝的抱怨;面对自己微弱的资产,他也没有抱怨;他没有因为自己只是一个小布匹商就停止了迈向成功的步伐,而是选择了更高的目标,对未来不断发起挑战,朝着人生

第一章 乐观生活

的巅峰不停地前进着。

　　成功的喜悦只有那些遇到困难永远不会抱怨的人才可以品尝到。快乐的生活是在没有抱怨的情况下才产生的。那些只知道抱怨的人，就像被蒙上了双眼一样，看不到眼前的无限风光，这样他们自然也就不懂得去享受生活中的美好，对于这些人而言，他们摆脱不了那些困扰在他们身上的烦恼，焦躁的心情就像魔咒一样困扰着他们，幸福和快乐的阳光很难会照耀在这些人的身上，因此，他们将生活在阴暗当中。

　　保罗·迪克的"森林公园"使每个路过那里的人都赞叹不已；葱郁的树木参天而立，各色花卉争奇斗艳，鸟儿在林间快乐地歌唱。可有谁知道，这竟是从以前烧成废墟的老庄园上重建起来的！

　　保罗·迪克从祖父那里继承下来的"森林庄园"，在5年前，由于雷电引起的一场火灾，烧毁了整个庄园。面对无情的打击，保罗·迪克根本就没有勇气去面对现实，他心痛不已。他知道，要想重建庄园是要花费很大的精力，最重要的是还需要很大一笔资金，而这比资金根本就没有办法凑到。保罗·迪克因此茶饭不思，闭门不出，变得非常憔悴。

他的祖母知道了这件事情以后，意味深长地对保罗·迪克说："孩子，庄园被烧了其实并不可怕，可怕的是自己因此而被毁掉。"

听完祖母的话后保罗·迪克一个人走出了静静的庄园，脑海里始终回想着祖母对他所说的话，对自己的人生开始重新思索。一次，他发现很多人排在一家商店的门口正在抢购些什么，他好奇地走上前去，原来这些人在抢购木炭。木炭！保罗·迪克的脑海里突然浮现出了一个好办法。

保罗·迪克雇用了几个烧炭工，他们决定用两个星期的时间将庄园里的那些烧焦的树木加工成木炭，然后送到集市上去出售。这一想法果然很有效，保罗·迪克很快就卖光了所有由树木加工而成的木炭，还收获了一笔不小的资金。他用这笔资金购买了树苗后，重新开始精心地打理祖父留给他的庄园，没过多久便有了现在绿树成荫的"森林庄园"。

李·艾柯卡曾是美国福特汽车公司里的总经理，后来又成为克莱斯勒汽车公司的总经理。他的座右铭是："奋力向前。

第一章　乐观生活

即使时运不济,也永不绝望,也永不抱怨,哪怕天崩地裂。"

艾柯卡不光品尝过成功的欢乐,也曾有过遭遇挫折的懊丧。他的一生,用他自己的话来说,叫作"苦乐参半"。1946年8月,21岁的艾柯卡到福特汽车公司当了一名见习工程师。他喜欢和人打交道,而且想搞经销。

艾柯卡靠着自己的奋斗,由一名普通的推销员,最终当上了福特公司的总经理。但是,在1978年7月13日,他却被妒火中烧的大老板亨利·福特开除了。当了8年的总经理,在福特工作已32年,一帆风顺,从来没有在别的地方工作过,突然间失业了。昨天还是英雄,今天却好像成了瘟疫患者,人人都远远地躲开他,过去的朋友都抛弃了他,他遭遇了生命中最大的打击。

但是,艾柯卡没有抱怨,也没有绝望,他想到小时候发生在他身上的一件事:一次,还是中学生的艾柯卡去野外玩,他坐在一根圆木上面,一边打开一包三明治,一边欣赏着巍峨险峻的山景。只见两条潺潺奔流的小溪汇合到一起,形成了一个清澈透明深不见底的小潭,然后沿着一条树木丛生的峡谷直泻而下……如果不是有一只蜜蜂"嗡嗡嗡"围着艾柯卡不停地飞，他的心境一定如田园诗般清静。

　　这不过是一只普通的好扰乱野餐者兴致的蜜蜂。艾柯卡不假思索地把它赶跑了。

　　可是这只蜜蜂一点儿也没有被吓倒，它又飞回来了，还是围着他"嗡嗡嗡"地转起来。这时，艾柯卡彻底失去了耐心。他一下子把这只蜜蜂打落到地上，接着一脚把它踩住，"嘎吱"一声把它碾进了沙土里。

　　片刻之后，艾柯卡脚边的沙土发生了奇迹般的变化，使他大吃一惊的是，那个不断折磨他的坏东西居然从沙土中钻了出来。它的翅膀狂乱地扑打着，好像在向艾柯卡示威呢！这一次艾柯卡更不耐烦了，他站起来，用120磅的身体的重量把这只蜜蜂又重新碾进了沙土里。

　　艾柯卡重新坐下来吃午餐了。几分钟后，他发觉脚边有什么东西轻轻地动了一下。一只身体已被碾破，但仍然活着的蜜蜂从沙土里有气无力地钻了出来。

　　艾柯卡对蜜蜂的幸存产生了兴趣。他俯下身子仔细地查看蜜蜂的伤——右侧的翅膀还相对完整，但左侧的翅膀已被碾得像一块揉破的纸。然而，那只蜜蜂仍然在不停地上下活动着它的翅膀，仿佛在估量着自己所受的损害。它还开始修整它那粘满了泥沙的胸腹部。

随后，蜜蜂把注意力转向那只变了形的左翅，用腿反复抚摸着整个翅膀。每整理一段时间，蜜蜂就"嗡嗡"地扑打翅膀，好似在测试升力。这只毫无希望的残废者竟以为它还能飞？艾柯卡双手撑地跪下去，想更好地看看这些无用的努力。

他更仔细地观察证实，这只蜜蜂完了——它肯定完了。艾柯卡确信自己有这点生物学知识。

但是，那只蜜蜂仿佛对艾柯卡这高超的判断置若罔闻，它好像在逐渐恢复力量，并且加快了修整的节奏。这时，它那薄纱般的翅膀坚挺起来，而已弯曲的翅膀差不多已伸直了。

终于，蜜蜂觉得有充分的信心可以做一次试飞了。伴着一阵"嗡嗡"声，它飞离了地面，然而却一头撞在不到3英寸以外的沙堆上。这个小生命撞得很厉害，然而它还是拼命地梳理和伸展翅膀。

蜜蜂再次飞了起来，飞了6英寸后又撞到了另一个土堆上。很明显，蜜蜂的翅膀恢复了升力，但它还没能好好地控制方向。每次碰撞以后，那只蜜蜂便疯狂地活动，以纠正新发现的结构上的缺陷。

它又一次飞了起来，这回越过了沙丘而笔直地朝一根树桩飞去，勉强地躲过了树桩，然后放慢了飞行的速度，转了几圈儿，在明澈如镜的水潭上空慢慢地飘过，似乎要欣赏它自己的曼妙的身影。

艾柯卡想起童年时代里刻骨铭心的这一幕，他告诉自己："艰苦的日子一旦来临，除了做个深呼吸，咬紧牙关尽其所能外，实在别无选择。"

艾柯卡是这么说的，最后也是这么做的。他没有倒下去，他接受了一个新的挑战——应聘到濒临破产的克莱斯勒汽车公司出任总经理。

艾柯卡，这位在世界第二大汽车公司当了8年总经理的强者，凭他的智慧、胆识和魄力，大刀阔斧地对企业进行整顿改革，向政府求援，舌战国会议员，取得了巨额贷款，重振了企业雄风。

第一章　乐观生活

1983年8月15日，艾柯卡把面额高达81348亿美元的支票，交到银行代表手里。至此，克莱斯勒还清了所有债务。而恰恰是5年前的这一天，亨利·福特开除了他。

人生就是这样到处充满了坎坷，谁都避免不了遇到一些麻烦和困难，如果一味抱怨的话，不但事情得不到解决，人生也会因此而失去快乐。曾有一位伟大的哲学家这样说道："迷路时抱怨的一百句话，顶不上问路的一句话。"与其不停地抱怨，还不如把时间和精力放在思考和解决问题上面，这才是遇到困难时应该要做的事情。同样是一件事情，抱怨会将其变得非常糟糕。相反，如果你能杜绝抱怨的话，即使是一件糟糕的事情处理起来也会变得比较轻松。当我们遭遇困境时千万不要让抱怨毁掉我们继续奋斗的勇气和精神，掌握自己的命运，抓住希望永不放弃，相信最终我们获得的一定会是幸福和快乐。

快乐生活

"幸福没有明天，也没有昨天，它不怀念过去，也不向往未来，它只有现在。"人生最大的幸福莫过于每天都能快乐地生活。正如屠格涅夫所说，珍惜眼前的快乐才是最幸福的事情。很多人一生都在追求幸福，殊不知幸福就在我们眼前，如果我们能学会珍惜眼前的每一份快乐，我们就已经生活在幸福当中了。

生活中的大多数人，一生热衷于追求财富、权势、声誉，我们甚至很少听人说："我一生都在追求快乐。"因为在一般人的印象之中，当他们得到财富、权力、名誉、地位之后，快乐也就会随之而来了。不过，少数"幸运者"等到他们耗费毕生力气将这些追到手之后才恍然大悟，快乐非但没有来，反而换来了痛苦。

第一章 乐观生活

纵观那些事业有成的人，他们都有一个共同的特点，那就是他们对自己的工作怀有深深的热忱，他们总是用快乐的心情对待自己的工作。事实上，也正是如此，当你以快乐心情工作时，你的工作就会做得更为出色，你也就更容易获得成功。

有这样一个在麦当劳工作的员工，他每天的工作就是给客人煎汉堡。但是他并未因每天的工作是如此的枯燥乏味而懈怠，相反他每天都很快乐地工作。许多顾客看到他心情愉快地煎着汉堡，都对他为何如此开心感到十分好奇，便问他："是什么事情让你感到如此愉悦呢？"

这名员工满面春风地对客人说："在我每次煎汉堡的时候，我便会想到如果买这个堡的人可以吃到一个精心制作的汉堡，他的心情也会好起来，每次想到这里我都要求自己要好好地煎这个汉堡，好让吃到汉堡的人能感受到我带给他们的快乐。每次我看到顾客吃了之后十分满足，并且神情愉快地离开时，我便感到十分高兴。因此，我把煎好汉堡当作是我每天工作的一项使命，要尽全力去做好它。"

顾客们听了他的回答之后，都感到非常惊异和钦佩。他们回去之后，就把这件事情告诉周围的同事、朋友或亲人，这样一传十、十传百，很多人都专程来到这家店，专门吃他煎的汉堡，同时看看这个"快乐的煎汉堡的人"。

公司很快得知了这一情况，他们一致认为这样一名怀有热情、工作态度积极的员工是绝对值得奖励和栽培的。不久，"快乐的煎汉堡的人"便被提升为地区经理了。

应该说，这个煎汉堡的人，他的工作可以说是普通得有点单调乏味了，可是我们这位可爱的员工却把"做好每一个汉堡，让顾客吃了开心"当作是自己的工作使命。对他而言，只有这样做才是有意义的，所以他满怀信心、热情并且快乐地去做好这份工作。

如果我们也能像他一样，把每件简单的工作都提升为自己的人生使命，力求把它做得更加完美，那么我们的成就感和信心就会愈来愈强，工作也会愈来愈顺畅。当别人看到我们热忱地、全力地把工作做好时，自然会有感受，机遇也就多起来。

我们应该尽可能地面带微笑去面对生活。只要你这样做了，你将会发现由于微笑给你生活带来了改变，你也将由此变成一个幸福快乐的人。

其实，快乐和痛苦，都是由自己造成的。只有那些善于发现快乐的人，他们才能在看似平凡的生活中随时都能找到快

第一章 乐观生活

乐。而那些整天忧愁的人,尽管他们身边有许多快乐,但他们却总是视而不见。

罗丹说过,生活中从不缺少美,而是缺少发现美的眼睛。我想,快乐是否也可以套用罗丹的话?许多人认为自己活得并不快乐,那是因为他没有一颗发现快乐的心,没有珍视自己拥有过的快乐,而是一味地强求许多还没有得到的东西,而且一直以为只有得到了才会快乐。可是,请大家不要忘记,快乐是你内心真实的感受。物质的满足只是你快乐的条件,却不是快乐真正的原因。

"当我站在山顶,看着落日在不远处的山峦斜挂,听着耳边阵阵的松涛声,我简直快乐得要哭出来了,我从没想到能够站在山顶是这样快乐!"朋友告诉我时,眼睛仍闪着亮光,在他多年的生命中,这个发现,似乎比发现一笔宝藏还让人快乐。"因为我发现了自己的能力,发现了自己禀赋的潜能,发现了新的乐趣……""我想人生中许多的发现,都能带来类似的喜悦,像婴儿的第一句话语,新学会的一首歌,或是刚学会的技艺……"这种由内在的意愿而化成事实的振奋,实在是人性中最宝贵的东西,每一个人都曾有过这样的感觉。

发现内心的自我,而发展成自我的人格,是一个人内心成长的过程。儿童由于心智尚未成熟，必须从不断的赞美与肯定中得到鼓励。别人的赞美与批评，都是外在的因素，我们不能永远依赖外来的评判来了解自己，只有自己的探索、发现才能接近真正的自我。一个成长的人，越能明白自己的优缺点，越不会受外界的干扰，也越能明白内心的世界，而能控制自己的喜乐，脱离了童稚的依赖心理，心智才能成熟快乐。

美国内华达州的一所中学曾在入学考试时出过这样一道题目："比尔·盖茨的办公桌上有5只带锁的抽屉，里面分别装着财富、兴趣、幸福、荣誉、成功。而比尔·盖茨总带着一把钥匙，而把其他的4把锁在抽屉里，请问他每次只带哪一把钥匙？其他的4把锁在哪一只或哪几只抽屉里？"有一位聪明的学生在美国麦迪逊中学的网页上看到了比尔·盖茨给该校的回信，他说："在你最感兴趣的事物上，隐藏着你人生的秘密。"这无疑是正确的答案。

是的，一个人假如可以在他喜欢的事物中耗费精力，就一定可以在那件事物中发现别人无法发现的秘密，并从中获得别人无法拥有的快乐。因为在整个过程中，那个真实的自我在成就中被承认了存在的价值，得到了满足。

第一章　乐观生活

不被一时的成败所困扰

"聪明的人永远不会坐在那里为他们的损失而悲伤，他们会很高兴想办法来弥补他们的创伤。"想要收获成功与快乐，非常重要的一点就是记得随手关上身后的门，学会将过去的错误、失误统统忘记，不要沉湎于懊恼、悔恨之中，要一直向前看，时光一去不复返，明天又是新的一天，不要使过去的错误、失误成为明天的包袱。

当然，失败了是件很不幸的事，但天底下没有永远不幸的人。当你遇到不幸和遭遇不愉快的时候，你也可以换个角度或者转个弯儿来思考这个问题。也许你的损失或者你的不幸会成为一种财富，你也会从中得到一种奖赏。

痛苦是因为执着，快乐来之于放弃，幸与不幸是相对的。中国有句古话"塞翁失马，焉知非福"，说的就是这个道理。

研磨心态，收获自在

任何人的工作和生活都不可能一帆风顺，失误和过错总在不断地出现。但我们总不能在自己给自己做的茧里不断后悔，总不能困于泥沼中不能自拔，生活是不相信眼泪的，有些东西明明得不到，有些错误明明已无可挽回，又何苦耿耿于怀、不能释然？伤感也罢，所有的叹息，所有的抱怨都是徒劳无益、无济于事的，都不能使你改变过去、挽回错误，都不能使你更聪明、更完美，并且还可能会使事情变得更加糟糕。当你失去了太阳，请不必哭泣，因为在你哭泣的时候，可能连月亮也失去了。

从另一个角度讲，我们要相信上帝是公平的，它关闭了你的一扇门，就一定会给你开启另一扇窗。在造物者眼里，一切永远都是开始。在唯物主义者眼里，生活是辩证的，失去了是另一种获得，获得又是另一种失去，生活总在失去而复得、得而复失中不断循环。你在某一件事、某一阶段的过错和失败，不代表你人生的全部失败。即使在某一方面很不如意，那也不是生活的全部，生活中还有许多更美好的东西、更崇高的理想，为什么不能以坦然、从容、豁达的心态面对一切呢？既然拿得起，就要放得下，一切都是生活的一段经历而已。它让你开阔了眼界，增长了见识，锻炼了能力，磨炼了意志。

卡耐基在事业刚起步时举办了一个成人教育班，并且陆续在各大城市开设了分部。他花了很多钱在广告宣传上，同时房租和日常办公等开销也很大，尽管收入不少，但过了一段时间后，他发现自己连一分钱都没有赚到。由于财务管理上的欠缺，他的收入竟然刚够支出，一连数月的辛苦劳动竟然没有什么回报。

卡耐基很是苦恼，不断抱怨自己疏忽大意。这种状态持续了很长时间。他闷闷不乐，精神恍惚，无法将刚开始的事业继续下去。

最后，卡耐基去见中学时的老师，老师跟他说了一句话："不要为打翻的牛奶哭泣。"

聪明人一点就透，老师的这句话如同醍醐灌顶，卡耐基的苦恼顿时消失，精神也振作起来，又重新投入到自己热爱的事业中去了。

后来，卡耐基常把这句话说给他的学生们听，也说给自己听："是的，牛奶被打翻了，流光了，怎么办？是看着被打翻的牛奶伤心哭泣，还是去做点别的。记住：牛奶打翻了已成事实，不可能重新装回杯中，我们唯一能做的就是找出教训，然后忘掉这些不愉快。"

不必把时间浪费在后悔中，犯错误和疏忽大意是很平常的事。人的一生中，谁敢说自己从没有犯过错呢？拿破仑这个不可一世的伟人，也在他所有重要的战役中输掉了三分之一。或许我们失误的平均记录并不比拿破仑更差，更重要的是，即使用国王所有的兵马也不可能挽回过去。如果我们为打翻牛奶而哭泣，就如同我们向往着天边的一座奇妙的玫瑰园，却不注意欣赏就开放在我们窗口的玫瑰。我们总是不能及时领悟：生命就在我们的生活里，在每天的每时每刻中。是谁说过，如果你心中对这个世界充满了不满，那么即使你拥有了整个世界，也会觉得伤心。

一个留学澳大利亚的上海学生，为了寻找一份能糊口的工作，他骑上了一辆旧的自行车沿着公路走了数日，替人放羊、割草、收庄稼、洗碗，几乎干了他所有能干的活儿。一天，在唐人街洗碗的他，看见了报纸上刊登着一家电信公司招聘的启事，于是决定前往应聘。

由于担心自己英语不地道，专业不对口，他选择了线路监控员的职位去应聘。过五关斩六将，眼看它就要得到年薪3.5万

第一章　乐观生活

元的职位，不想招聘主管却出乎意料地问他："先生，你有自己的车吗？我们这份工作时常外出，没有车很难完成工作。"

澳大利亚公民普遍拥有私家车，在主管看来，应聘者没有车的情况下几乎不会发生，所以才这样问道。为了争取这个职位，留学生马上说："我正准备买一辆车！"主管说："那请你4天后，开车来上班吧。"

4天时间买车谈何容易，更何况这个留学生连开车都不会。但是年轻人没有放弃，他决定试一试。接下来的4天，成了他人生的重要转折点。首先，他在华人朋友那里借了500欧元，到旧货市场买了一辆外表已经损坏的小车，当天就拉着朋友教他学习简单的驾驶技术。第二天，他在朋友家屋后的空地上反复练习。第三天，他歪歪斜斜地开上了郊区公路。这3天的时间，他的生活里只有一件事情，那就是"开车"，他做梦都是握着方向盘的姿势。第四天，他居然开着小车去了公司。主管安排他的工作，没有看出什么异样。就是奇怪，为什么他的手一直在抖，只有留学生自己知道，是因为这几天高强度的训练。

后来，年轻的留学生成了这家电信公司的业务主管，因为其敢于挑战的精神带领着公司的员工不断突破业绩纪录。回想起几年前那个在饭店洗碗的青年恍如隔世。

我们不去评论留学生当年不顾危险开车上路的行为，而为年轻人的闯劲儿点赞。面对重重困难，他没有低头，而是用自己的勇气和毅力创造了自己的未来。如果当初他畏首畏尾不敢去尝试和挑战，根本不会有一个机会去施展自己的才华。

我们每个人都有过去，但是过去不等于未来。不管曾经是多么风光，曾经是多么失意，都已经过去，重要的是面对眼前的挑战，勇敢创造未来。

第二章

研磨心态，收获自在

第二章　研磨心态，收获自在

不要让自私毁掉自己

一个雄心勃勃的人，如果不能首先克服自私，任何有价值的接近真、善、美的目标都难以实现，并且最终还会被自私所拖累，导致一切都变成泡影。

从前，有个喜欢穿贵重皮衣和吃精美食物的有钱人。一天，他想炫耀自己的财富，便想做一件价值一千两银子的皮衣。没有那么多的皮子，他就去同老虎商量，要剥它的皮。这个人的话还没有说完，老虎就没命地逃入了崇山峻岭。有一次，这个人想办一桌主要用羊肉做材料的丰盛的宴席，便去和羊商量，要割它的肉，同虎一样，羊也一个个躲进了密林深处。就这样，这个人没有办成一桌羊肉酒席。

"老虎啊老虎，我能剥你的皮吗？""羊啊羊，我能割你的肉吗？"有钱人央求并没能获得老虎和羊的回应，结果一个逃入了崇山峻岭，一个躲入了密林深处。并不是老虎和羊太狠心，只是有钱人过于自私。剥了皮，割了肉，它们还能活吗？寓言中的有钱人只想得到自己梦寐以求的皮袍和美食，却忽略了对方的利益需求，这是其挫败的根本原因。在这个有钱人的处世观念中充斥着浓浓的自私与利己。只因为想做个皮袍子，办桌丰盛的宴席就不惜剥别人的皮，割别人的肉。为满足自己的虚荣，而让别人付出沉重的代价。这种观念根本就不是合作，是恨不能把天下所有的东西都供我驱使的极端自私主义思想，这样的人注定失败。

　　自私是一种较为普遍的病态心理现象。其行为体现为：只顾自己的利益，从不会顾及他人、集体、国家乃至社会的利益，常有的表现就是损人利己、损公肥私等。自私也有程度上的不同，比较轻微的体现于计较得失，有私心杂念，不讲公德。而严重的则体现于为了达到自己的目的，侵吞公款，诬陷他人，杀人越货，铤而走险。

　　自私的人除了为了达到自己的目的，完全不顾别人的感受外，往往还会显示在对别人的冷漠无情上。下面我们来看看一对夫妇因为自私而变得冷漠无情，最终酿下的恶果。

第二章 研磨心态，收获自在

古希腊有一句话说："自私是一切天然与道德的罪恶根源。"

一位虔诚的教徒受到天堂和地狱问题的启发，希望自己的生活过得更好，他找到先知伊利亚。

"哪里是天堂，哪里是地狱？"伊利亚没有回答他，拉着他的手穿过一条黑暗的通道，来到一座大厅，大厅里挤满了人，有穷人，也有富人，有的人衣衫褴褛，有的人珠光宝气。在大厅的中央支着一口大铁锅，里面盛满了汤，下面烧着了火，整个大厅中散发着汤的香气。大锅周围挤着一群两腮凹进、带着饥饿目光的人，都在设法分到一份汤喝。

但那勺子太长太重，饥饿的人们贪婪地拼命用勺子在锅里搅着，但谁也无法用勺子盛出来，即使是最强壮的人用勺子盛出来，也无法把汤靠近嘴边去喝。有些鲁莽的家伙甚至烫了手和脸，还溅在旁边人的身上。于是，大家争吵起来，人们竟挥舞着本来为了解决饥饿的长勺子大打出手。先知伊利亚对那位教徒说："这就是地狱。"

他们离开了这座房子，再也不忍听他们身后恶魔般的喊声。他们又走进一条长长的黑暗的通道，进入另一间大厅。这里也有许多人，在大厅中央同样放着一大锅热汤。就像地狱里所见的一样，这里勺子同样又长又重，但这里的人营养状况都很好。大厅里只能听到勺子放入汤中的声音，这些人总是两人一对在工作：一个把勺子放入锅中又取出来，将汤给他的同伴喝。如果一个人觉得汤勺太重了，另外的人就过来帮忙。这样每个人都在安安静静地喝。当一个人喝饱了，就换另一个人。

先知伊利亚对他的教徒说："这就是天堂。"

心胸狭隘的自私鬼都在地狱中。因为自私不懂得分享的美好，无论如何谁也喝不到汤。如果你自私，就只能下地狱，挥舞大勺和其他的自私鬼们争斗，大打出手，可你们谁也喝不到汤。这就是自私者的结局，实在是可怜。

任何人都不要专顾自己的好处，一点不想到别人。自私的人是最讨人厌的人，人与人过着一种共同的生活，本来应当彼此帮助，彼此顾念，这样才能产生感情和友谊。如果一个人只顾自己的好处，就足能招来别人的厌烦和恶感，何况人一存自私的心，不但不顾别人，还要夺取别人的好处归于自己。在这种情形之下，他会做各种损人利己的事，不用说受过他损害的人要厌恶他，就连未曾受过他损害的人也厌恶他。

第二章　研磨心态，收获自在

　　一个人如果常自私地想别人应当爱他，他得了别人的恩惠一定不知道感激，而且还常会对别人不满意，责怪别人待他不好。他总觉得别人照他所希望的待他好，不过是别人当尽的本分。如果别人不能成为他所希望的那样好，他便觉得别人亏欠他，对不住他。这样的人对任何人都不满意，没有好感，纵使别人竭力爱他，也不会使他满足、感恩。这种人的自私是无止境的。请问谁能喜欢与这种人同处，与这种人相交呢？

　　一个人若不愿意做这种讨厌的人，就当想到自己本没有权利要求别人的爱，而应该首先去爱别人。无论是家中的人，是朋友，是邻舍，是同学，是同事，是亲戚，我们不该要求别人的爱，我们应该学会不要太自私。别人为我们做了什么事，不论是大是小，是多是少，我们都应当表示谢意。一个人如果这样做了，就很容易获得周围人的欢迎，得到别人的关爱。

　　一个美国士兵打完仗回到国内，在回家之前他先给自己的父母打电话。

　　他显然有些迟疑："我快要到家了！我想请你们帮我一个忙，我要带我的一位朋友回去。""当然可以了，我们非常欢迎。"父母终于可以见到自己的儿子了，他们都非常高兴，"我们见到他一定会高兴的，我们会好好招待他的。"

儿子有点为难地说:"他在战斗中受了重伤,失去了一只胳膊和一条腿。他无处可去,我希望他能来我们家,和我们一起生活,我希望你们能接受他。"

父母沉默了一会儿,说:"孩子,你要知道,一个受了这么重的伤的人,一旦来到我们家,就意味着我们要照顾他一辈子,这是一件非常痛苦的事情。"儿子听后还是坚持要让那个人和他们住在一起。

父母似乎有点不高兴了,说:"你怎么就是不明白呢,你要是把这样一个人带回家,并且要长期住下去,那样会给我们带来很大的负担的。"儿子没有再说话,他挂断了电话。

此后儿子再也没有打电话回家,父母为儿子的事非常着急,他们似乎觉得自己当初不应该拒绝儿子,应该答应他的要求。可一切都已经来不及了。几天后,父母接到了儿子的部队打来的电话,部队方面的人在电话里告诉这对夫妇,他的儿子从高楼上坠地而亡,希望他们能赶快过去处理一下。

悲恸欲绝的父母终于见到了儿子,在停尸间里,他们发现,他们的儿子只有一只胳膊和一条腿。

第二章 研磨心态，收获自在

父母的自私、冷漠，让儿子悲恸欲绝，他不想拖累父母，最终走上了不归之路。

苏格拉底曾用这样一句话告诫人们："德行不出于钱财，钱财以及其他一切公与私的利益却出于德行。"自私正是对德行的背离，一个自私的人并不仅仅体现于注重钱财，他们事事都会以自己为中心，他们考虑问题的出发点是"是否对自己有利"，并按只对自己有利的方面去行动，期间完全不会顾及任何人，这就是他们全部的生活基础。

无论从哪个方面来讲，自私对人的危害都是非常大的，一个自私的人不会有真正的朋友，一个自私的人不会受到别人的尊重，一个自私的人永远都无法体会到真正的快乐，更无法获得成功。

不要牢骚满腹

> 如果你想在生活和工作中拥有一份好心情,你就要杜绝你那满腹牢骚的行为,避免在抱怨中浪费时间。

许多人总是认为自己学富五车、才高八斗,却总觉得生不逢时,得不到老板的赏识和提拔。于是经常私下抱怨、牢骚满腹,一副怀才不遇的模样。但是,不管现实怎样,努力才是首要的,而抱怨会让你失去更多。

有一位年轻的修女,进入修道院以后,她一直在从事织挂毯这项工作。做了几个星期之后,她终于开始抱怨道:"给我的指示简直不知所云,我一直在用黄色的丝线编织,突然又要我打结、把线剪断,完全没有道理,真是浪费,我简直干不下去了。"听见她的抱怨,在另一旁织毯的一位老修女说道:

第二章 研磨心态，收获自在

"孩子，你的工作并没有浪费，你织出的那很小一部分，其实是非常重要的一部分啊。"老修女带她走到工作室的隔壁，在一幅摊开的挂毯面前，年轻的修女看呆了。原来她编织的是一幅美丽的"三王来朝图"，黄线织出来的那一部分正是圣婴头上的光环，看起来是浪费且没有意义的工作，原来竟然是那么伟大。

有一句话说得好，如果你想抱怨，生活中一切都会成为你抱怨的对象；如果你不抱怨，生活中的一切都不会让你抱怨。你发泄着不满，却很难确定能解决什么，但有一点是肯定的：你的抱怨不仅会使你越来越累，还会把别人说得疲惫不堪，让别人看到你就唯恐避之不及，这样你的生活永远都没有起色。

因此，不要抱怨你的单位不好，不要抱怨你的上司不好，不要抱怨你的工作差、工资少，也不要抱怨你空怀一身绝技没人赏识你。现实有太多的不如意，就算生活给你的是垃圾，你同样能把垃圾踩在脚底下，登上山峰之巅。

要知道，成功不会在一夜降临。如果你还没有获得提升，不要抱怨怀才不遇，或急于跳槽，是金子，总会发光的。

有一点我们必须知道：抱怨于事无补，并且只会让事情变得更糟。那些喜欢终日抱怨的人，不能改变这种恶习，就没有办法获得成功。

  李某是北京一所名牌大学的毕业生，能说会道，各方面都表现得不同凡响。他在一家私营企业工作2年了，虽然业绩很好，为公司立下了汗马功劳，可就是得不到老板的提升。

  李某心里有些不舒畅，常常感叹老板没有眼力。

  一日，和同事喝酒时李某发起了感慨："想我自到公司以来，努力认真，试图在事业上有所成就，我为公司建立了那么多的客户，业绩也很不错。虽然兢兢业业，成就人所共知，但是却没人重视、无人欣赏。"

  世上没有不透风的墙，本来老板准备提升李某为业务部经理，得知李某之言，心里着实有些不爽，后来放弃提升他。

  李某之所以得不到老板的提升，就在于他不了解老板的心理，而只是一味地从自己的利益出发，抱怨没有识才的"伯乐"。

  试想，作为一个老板，谁愿意被人认为是不识人才的无能之辈呀？李某这样说不等于是在贬低老板没有能力吗？

  因此，不要轻易抱怨。如果你也如此，还是赶快停止你的抱怨吧，让烦躁的心情平静下来。事实上，你所埋怨的那些东西，并不是导致你未能得到别人喜欢的根本原因，至多也只是原因之一而已。

你之所以不能成功的根本原因还在于你自己,只有你自己在行为上真正改变过来,从思想根源上认清问题,好好想清楚自己,才能改变你所面临的困境。你的抱怨行为的本身,正说明你倒霉的处境是咎由自取——抱怨正是导致你处境艰难的罪魁祸首。现在,我们来审视、思考一下自己吧,问自己几个问题:"你的自我形象是否令人满意?你是否对自己感到坚定自信?你觉得自己是否有担当重任的能力?你平常的工作水平是否非常突出?你和老板、同事关系是否良好和谐?"

如果你的回答是肯定的,那么你的确是一个值得别人信任、受别人欢迎的人。常常抱怨的人,终其一生都不会有真正的成就,我们没有必要心存抱怨,吹毛求疵和抱怨于事无补,只有通过努力才能改善处境。

自我调节

　　人们的情绪是可以由自己掌控的，每个人都可自我调节情绪。弗夫·霍华德说："对消极的情绪有一个明确的了解，就可以消除它。"只要我们能清楚地了解到使我们情绪变坏的真正原因，并可以坦然地面对，每个人都可以对自己的情绪做出调整。

当人们遇到一些烦心事的时候，千万不要到处发牢骚，这样做往往不但不能对自己的坏情绪做出有效的调整，也会对别人的情绪造成一些影响。既然我们已经被坏情绪所困扰了，我们又何必让别人和自己一起不快乐呢？真正的快乐不仅仅只是一个人的快乐，而是所有人的快乐。所以，我们应该对别人多一些笑容。在看到别人开心生活的同时，我们自己也会因此而变得心情舒畅。那么，一些不良的情绪也会因此而得以缓解。

第二章 研磨心态，收获自在

其实，有些人喜欢把自己的不愉快向别人诉说，也许对调整自己的情绪会有一些帮助，可我们要明白，当别人听到我们诉说痛苦的时候，他们的心情也会因此而变得低落。尤其是对一些并非情同手足的朋友诉说自己的烦恼，他们表面上会表现得很同情，可实际上他们的内心也会因你的这种行为会感到有些不愉快。再看看那些生活真正快乐的人，他们之所以可以一直快乐地生活着，往往是因为他们懂得把快乐带给别人，他们可以通过这种方式对自己原本不好的情绪做出调整，从而使自己获得快乐。

那些允许其情绪控制自己行动的人，都是弱者。真正的强者会迫使他的行动控制其情绪。一个人受了嘲笑或轻蔑，不应该窘态毕露，无地自容。如果对方的嘲笑中确有其事，就应该勇敢地承认，这样对你不仅没有损害，反而大有裨益；如果对方只是横加侮辱，盛气凌人，且毫无事实根据，那么这些对你也是毫无损失的，你尽可置之不理，这样会越发显现出你的人格。有的人在与人合作中听不得半点"逆耳之言"，只要别人的言辞稍有不恭，不是大发雷霆，就是极力辩解，其实这样做是不明智的。这不仅不能赢得他人的尊重，反而会让人觉得你不易相处。虚心、随和的态度将使你与他人的合作更加愉快。

美国总统罗斯福年轻时体力比不上别人。有一次，他与人到白特兰去伐树，到晚上休息时，他们的领队询问白天每个人伐树的成绩，同伴中有人答道："塔尔砍倒53株，我砍倒49株，罗斯福使劲咬断了17株。"这话对罗斯福来说可不怎么顺耳，但他想到自己砍树时，确实和老鼠咬断树根一样，不禁自己也笑起来。

可以说罗斯福的成功，正得益于他的这种对自己情绪的控制。当然，能否很好地控制自己的情绪，取决于一个人的气度、涵养、胸怀、毅力。历史上和现实中气度恢宏、心胸博大的人都能做到有事断然、无事超然、得意淡然、失意泰然。正如一位诗人所说："忧伤来了又去了，唯我内心的平静常在。"

有一个读书人，家里非常穷，连续几次考试落榜后便凑了些钱做生意，没想到又赔了个精光。他非常苦闷，便来到山上向一位老禅师诉起了苦。

老禅师听完他的诉说之后便带他来到一间禅房，禅房里有一张桌子，桌子上放着一杯水。老禅师对这个读书人说："这个杯子已经在这儿放了很久了，几乎每天都有灰尘落在里面，但水却一直很清澈，你知道是什么原因吗？"

第二章 研磨心态，收获自在

读书人想了半天，顿时大悟道："我懂了，所有的灰尘都沉淀到杯底去了。"

禅师点点头说："人生如杯中水，浊与清在于自己。"

心情如水，我们希望它是什么形状，它就是什么形状。没有办法改变现实，至少还可以调整自己的心情。

在自然界，潮涨潮落、日出日落、月圆月缺、燕子来去、花开花谢、春种秋收，这些现象或许都是自然界情绪的一种表现。人也是自然界物体的一个组成部分，所以，我们的情绪也会像潮水一样涨涨落落。

但是，对于一个希望成功发展的人来说，不能任由情绪去自然地表现，得学会控制自己的情绪。因为一个无法控制自己情绪的人，一定也无法控制自己的人生。你的情绪若不正常，会直接影响到你的心态，也会影响到你的工作效率。试想，一个老板，一大早走进公司就阴沉着脸，下属看见了会做何感想？他会想老板不是跟太太吵架了，就是公司的事情有些不妙了。而如果你只是一个下属，你恐怕更得学会控制你的情绪。因为没有一个老板希望自己下属的情绪反复无常，遇到事情不会控制自己。

美国密歇根大学心理学家南迪·内森的一项研究发现，一般人的一生平均有30%的时间处于情绪不佳的状态,因此,人们常常需要与那些消极的情绪作斗争。

　　消极情绪对我们的健康十分有害。科学家们已经发现,经常发怒和充满敌意的人很可能患有心脏病。哈佛大学曾调查了1600名心脏病患者,发现他们中经常焦虑、抑郁和脾气暴躁者比普通人高3倍。

　　因此,可以毫不夸张地说,学会控制你的情绪是你生活中一件生死攸关的大事。当你闷闷不乐或者忧心忡忡时,你所要做的第一步是找出原因。

　　25岁的林子是一名广告公司职员,她一向心平气和,可有一阵子却像换了一个人似的,对同事和丈夫都没有好脸色。后来,她发现扰乱她心境的是担心自己会在一次最重要的公司人事安排中失去职位。当她了解到自己真正害怕的是什么,她似乎就觉得轻松了许多。她说:"我将这些内心的焦虑用语言明确表达出来,便发现事情并没有那么糟糕。"找出问题的症结后,林子便集中精力对付它,"我开始充实自己,工作上也更加卖力。"结果,林子不仅消除了内心的焦虑,还由于工作出色而被委以更重要的职务。

可见，生活中的许多事不是像我们想的那么糟糕，只要我们能很好地控制自己的情绪，许多事是可以由消极转化为积极的。我们要做的是成为情绪的主人，做一个更有思想、更理智的人。

人类是一种情绪化的高级动物，而情绪的变化会直接影响到人们的生活。好情绪也好，坏情绪也罢，它总会随着人们的心情即兴发挥。当坏情绪到来的时候，不但会使人们生活得不愉快，很多时候还会因此而得罪自己身边的人，甚至是要好的朋友。可以说，坏情绪给你们带来种种不良的影响，是它导致了很多不愉快发生。因此，我们一定要经常注意自己的情绪，并及时对其做出调整，使自己一直保持一个良好的精神状态。

当一个人心情愉快的时候，生活一定会非常幸福和美满，每天都会生活在快乐当中。这个时候，任何事物在自己的心中都会感觉很好，即使在处理一些烦琐的事情的时候也不会因为麻烦而感到不快，同时也一定能和身边的人相处得非常融洽。反之，当一个人心情很差、情绪低落的时候，生活就会因此而变得严峻和残酷。他们会感觉到生活到处都充满了危机，各方面的压力压得自己喘不过气来，这样一来，每一个小小的触动都会引起这些人大发雷霆。在这些人身上，很难会发现快乐的影子。怀有不良情绪去做事的人，始终都不可能将一件事情顺利地做好，因为在与别人交往时，他们大多会感到厌烦，从而导致了不能与他人良好地相处，这样就会产生一些不必要的争执，也就使事情无法顺利地进行下去。

其实，在很多时候一件糟糕事情的发生往往都是由不良情绪而引起的，而这种情绪是完全可以自我控制的。也就是说，只要我们能调整自己的情绪，克制自己把坏情绪发泄在别人身上，就可以顺利地做好每件事，从而也就会使自己生活得非常快乐。一个懂得自我调节情绪的人的人生一定是充满快乐的，他们可以将一切不愉快的事远远地抛在脑后，尽情享受快乐的生活。

第二章　研磨心态，收获自在

放下坏心情

> 愉快可以使你对生命的每一跳动，对于生活的每一印象易于感受，不管躯体或是精神上的愉快都是如此，可以使你的身体发展，身体强壮。

英国伟大思想家欧文曾这样说："人类的幸福只有在身体健康和精神安宁的基础上，才能建立起来。"最美好的幸福和快乐需要建立在健康上面，一个失去健康的人即便是能体会到快乐，可始终都会有些缺陷。一个人情绪的好坏，将直接影响到他的健康。俗话所说的"笑一笑十年少，愁一愁白了头"，也就是这个道理。

当一个人在心情不好的时候，往往会将自己关在房里，不跟人说话，锁着眉头胡思乱想，结果只会让自己心情变得更加糟糕。这是心情不好的根源之一。所以，每个人都要学习放下不好的心情，让好心情主宰生活。下面阿祥的人生大转折故事，需要用一个平静淡然的心绪来深深咀嚼。

阿祥是英国曼彻斯特市格雷大街中学的校工，尽管他的薪水并不高，每周只有5英镑，但他总是很尽责地把校园打扫得干干净净，包括校园角落里的杂物也一干二净，几乎到了一尘不染的地步。可没想到，到这年年底，阿祥一向都很敬佩的老校长退休了，新校长是约翰逊先生。新官上任三把火，约翰逊先生喜欢自命不凡，他上任没多久就宣布：从下周一开始，学校里的全体员工每天必须在考勤簿上签到，并且注明时间；否则，严办。

转眼到了周五，约翰逊先生把考勤簿拿来查看，只见上面被签得密密麻麻的，情况好极了！他满意地准备把考勤簿合上，却忽然发现了一处显得很不协调的空白，特别醒目。他马上命令："找来那个不服帖的人。"那个不服帖的人很快便被找来了，他就是阿祥。约翰逊先生一见他，便极为不满地说："听着，阿祥，所有员工必须在考勤簿上签到的制度，你知道吗？"

阿祥恭敬地回答："当然，先生。"

第二章　研磨心态，收获自在

"那么，"约翰逊先生追问道，"你签了没有？"

阿祥实话实说："没有，先生。"

"我一旦定下制度，就意味着每个人必须照办。"说到这里，约翰逊先生顿了一下，又反问道，"你懂吗？"

"非常清楚。"

约翰逊先生不禁有些愠怒，嚷道："懂？那你为什么不签？"

阿祥涨红了脸，半天不说话，以实相告："因为我签不好，没办法。"

他的话让约翰逊先生吃惊不小："天啊！下一句话，你该不会说，你不识字吧？"

"确实不识字，先生。"阿祥回答。

"真是天方夜谭！简直令人难以置信：一个在教育机构工作的人竟不识字……"约翰逊先生略一沉吟，"够了！阿祥，你知道我这儿不容许低效率，给你两周时间另谋生路吧！"

这一下，阿祥真急了，说："可是，先生，我在这儿已经干了23年，校园里处处整齐干净，从来没有谁鸡蛋里面挑骨头,为什么要辞退我?"

不等他说完,约翰逊先生便打断,说:"事实倒是真的。但是,无论如何,堂堂教育机构总不能容忍一个文盲员工存在,这是最基本的原则。"

见约翰逊先生下了逐客令,阿祥也只好怀着无可奈何的心情离开了校园,此时已近晚餐时分。然而,当阿祥准备到自己常去买香肠的那家食品店时,却猛地想起:这家食品店的店主前三周去世了,店门至今是铁将军守门——锁了一把锁。阿祥的心情坏到了极点,他暗暗地骂上帝:"真该死,为什么整条街道不多开三五家香肠店呢?这样不是更好为顾客这些真正的上帝服务吗?"

这时,一阵微凉的夜风悄悄地迎面吹来,一个念头也像闪电般跟着晃进了阿祥的脑子里:"既然这样,自己为何不开一家呢?就把威格丝太太的食品店盘过来作为自己的谋生之路!"他不禁为自己的构想而兴奋不已,失业带来的坏心情也被他抛到了九霄云外,连口哨都吹响了。

一个半星期后,他的食品店便正式开张了。开始时,生意很

第二章　研磨心态，收获自在

清淡，阿祥灵机一动：如果把香肠做熟再卖，不是更好打开新局面吗？于是，他开始加工香肠，并削制了许多小竹签，把香肠夹在半切开的面包里、穿在竹签上卖。正值11月份，天寒又多雾，热香肠诱人的香味吸引来一批又一批的顾客，阿祥的生意自然愈做愈大，连开了十几家连锁分店。他并没有满足，迫切感到事业的长期发展需要新工人的技术水平，于是顺理成章地向学区教育委员会申请创建一所"香肠制作技术专科学校"。

申请得到了学区教委的大力支持，筹备工作进展得极为顺利，双方一致商定：由学区委派正、副校长，而教师则主要从高、中级职员和技术工人中选聘。

三天后，副校长给阿祥打来电话："阿祥香肠制作技术专科学校不久要开学，特请董事长题写校名。"阿祥不禁哑然失笑，回答："副校长先生，真对不起，还是请你们中间哪一位代劳吧，我写不好。"副校长很不愉快地说："阿祥先生，不要推辞了，像您这样卓有成就的实业家，不是出自'剑桥''牛津'，就是在其他名牌研究院所深造过。"见对方有所误会，阿祥只好坦言相告："副校长先生，我真的写不好。说来也许您不相信：

十多年前，我还是个大老粗，就连自己的名字也是做生意以后才练好的。"听到此言，副校长沉默了好一阵才说："阿祥先生，您真了不起，因为在没有受过正规教育的条件下，一番大事业竟然如日东升。我大胆猜想，假如您10年前就能读会写，今天又该更上一层楼！不，更上三层楼？"

阿祥放声大笑，然后又自曝"家丑"："10年前，我是格雷大街中学的校工，一周只不过5英镑！"

"啊……"电话里传来一声极其复杂的声音。原来这位副校长正是当年把阿祥赶出校门的约翰逊先生，真是冤家路窄。

这是意味深长的一个故事。在生活中，当我们遭遇一些不如意的事时，我们要狠下心来，把坏心情远远抛开，才能让自己重新踏上新的征途。

人的一生注定会经历很多开心或是不开心的事，我们往往会因为受到一些不良因素的影响而产生坏情绪。诺贝尔医学奖得主卡瑞尔博士说："在现代紧张的都市生活中，能够保持内心平静的人，才能免于精神崩溃。"对于出生在这个竞争激烈时代的我们，更应该学会自我调整自己的情绪，才可以更加健康地生活着。

控制欲望

　　　　　欲是人的一种生理和心理本能。人要生活下去，就
　　　　会有各种各样的欲望。但是，欲也是有上限的，多了、大
　　　　了，就会让你的心迷失了方向。当然，正确的欲望往往是
　　　　人们通往成功之路的必然条件。

欲望让人富有成功的激情，欲望也让人的心灵过于沉重。欲望的心理对于那些成功的人来说是必不可少的。然而欲望的心理又让他们比别人过得更加沉重。

在小时候，经常听父辈们给我讲起《芝麻开门》的故事：从前有一群强盗，他们把所有抢来的财宝都收藏在了一个山洞里。

有一天，一个上山打柴的年轻人无意中经过那座山洞，并且发现了强盗们正往洞里搬一些财宝。他的欲望心理一直支配

着他。于是，他慢慢地等，就这样等，终于一天之后，这些强盗关了山洞的大门，再一次出发抢东西去了。年轻人急忙走了下来，用自己身上的衣服包了一小部分的金币、珠宝，然后满足地走了。

回到家，他的哥哥知道了年轻人的奇遇，在他的软磨硬泡之下，年轻人把山洞的秘密说给了他，于是哥哥找了十匹马进了山里。经过一番努力之后，他找到了那个山洞，于是他一次次地装满，再一次次地运走。

欲望的心理使这个哥哥迷失了自己的心。一次不够运两次，两次不够运三次。可是这次他没有以前的好运了，强盗们在他把财宝运回家的时候回到了山洞。他们很快发现自己的财宝少了很多，他们肯定这个山洞被人发现了，于是他们在山洞里藏了起来，他们要等着那个夺取他们财宝的人。

当年轻人的哥哥再一次进洞里搬运财宝的时候，强盗们走了出来。年轻人的哥哥发现情况不对了，于是想夺门而逃，可是他怎么是这些身手敏捷的强盗的对手呢？结果被这些强盗杀害后，头还被挂在了洞里，以告诫那些发现洞中秘密并且想拿

第二章　研磨心态，收获自在

走他们财宝的人。

这个故事很简单，却告诉我们，如果一个人过于贪婪，乱了本性，就会使其鬼迷心窍，最终走上不归之路。

美国耶鲁大学一位博士生曾经极有见地地写道："人类未来的希望不在于财富的增加，而在于欲望的减少。"

一个乞丐讲了个有意思的故事，作为乞丐的他总想着，自己什么时候能有个两万块钱就好了，他可以不用再行乞，就可以回家做一点小生意糊口。

机会真的出现了。有一天，这个乞丐在流浪时发觉了一条跑丢的小狗。这条小狗不同于以往的流浪狗，雪白的毛，漂亮的大眼睛，可爱极了。乞丐便把这条狗悄悄地抱回了他的地窖里面。

乞丐没有猜错，这条狗果然不一般，它是国外进口的名犬，原来它是本市一位富翁的宠物。富翁平时对它宠爱有加，那天一不小心把狗给丢了，十分着急，在当地的电视台发了一则广告，只要有人能把狗还给他，就能得到两万元的报酬。

乞丐知道这个消息以后手舞足蹈，一想到能拿到一大笔钱，想象着自己在老家可以过上富裕的生活，乞丐差点笑出声来。他抱起小狗准备去领两万元的酬金，可是当他匆匆忙忙抱着狗路过贴示处的时候，发现启示上的酬金已经变成了3万元。原来大富翁着急找回自己的小狗，已经把酬金提高到了3万元。

乞丐向前的脚步忽然间停了下来，想了想又转身回到了地窖，重新拴起了小狗。他做了一个他一生都后悔的决定：他要等酬金继续涨起来，才把狗还给失主。就这样，第三天，酬金真的涨了，第四天又涨了，直到第七天，酬金涨到了让市民都惊讶的地步，大家都在议论这狗到底在哪儿，甚至有人放弃了工作专门去寻找这条小狗。

乞丐再也忍不住了，他飞快地从告示处跑回地窖，决定去领取那份让自己后半生衣食无忧的酬金，当他看见小狗，整个人都傻眼了，小狗一动不动地躺在那里。乞丐只惦记着酬金，可爱的小狗已经饿死了。乞丐的富贵梦破灭了，最终乞丐还是乞丐。

我们感觉不幸福，不是因为自己得到的太少，而是因为得到的不能让我们满足，欲望成了我们到达幸福彼岸的鸿沟。

一只小老鼠穿越玉米地的时候，满地的玉米让它喜出望外。它刚想摘下一个大玉米的时候想这么大的一片玉米地，前面一定有更大更甜的玉米。如果现在就摘下了，到时后面再有大的就拿不动了。于是，它继续往前走，前方更大的玉米在诱惑着它放弃眼前可以摘到的玉米。直到穿过了整个玉米地，它还是两手空空。

欲望是无止境的，它会不断膨胀。可是现实中不可能总有好运气来满足你不断膨胀的欲望。欲望太高，结果往往都会让一切成为泡影。控制自己的欲望，见好就收才是明智之举。

学会遗忘

　　每个人都有过去，有过辉煌，有过骄傲，也有过失败，还有过痛苦和失落。这些都储存在记忆里。于是，我们带着记忆上路，带着过去上路，带着以前的悲与喜上路。

　　有一个人，去爬山，他带了一个很大的背包，里面都是些必需品，有食物、水、指南针、护理药品、绳索，还有各种各样的瓶瓶罐罐。这些东西太重了，山路又十分陡峭，还没有爬到一半他就累得喘起粗气来。他坐在地上歇了半天，然后又继续往前走。但是没有走多远，又累得满头大汗，只好又停下来，坐在路边休息。就这样，一会儿行，一会儿歇，总算爬到了半山腰。这时山上下来一个老农，见他这个模样不禁哈哈大笑起来。他问老农为何笑他，老农说："爬山就是向上走，眼睛就要向前看,没有用的东西就要统统丢掉,像你这个样子,就算爬到了山顶,恐怕也快累死了。"

年轻人一听,觉得老农说得很对,于是就忍痛扔了那些不重要的东西,结果行起路来果然轻松了很多。

人生,也是向上走,眼睛也应该向前看,不应该再去留恋过去。过去的,就让它过去吧,无论是什么,都已成了历史,应该埋进时间的尘埃中去。

或许,你会留恋过去的辉煌、过去的掌声、过去的鲜花,但那些毕竟都是往事了,留恋是没有任何意义的,反而会成为累赘。

"智慧的艺术,就在于知道什么可以忽略。天才永远知道可以不把什么放在心上!"是的,该忽略的,就忽略;该放手的,就放手。生命的过程就如同一次旅行,如果把每一次的成败得失都扛在肩上,今后的路又怎么走?

所以,让我们把过去的一切埋葬,与过去说声再见,潇洒地跟往事干杯!

上天赐予我们宝贵的礼物之一便是"遗忘"。学会遗忘,可以放下过去的包袱,可以活得更加轻松。

人们往往忽略了遗忘,因为所有的教育、所有的理论都在强调记忆的好处。

　　美好的事物容易忘却，痛苦的记忆却总是长久地储存。因为那些事情的确撼动过心灵，而人类的天性似乎总是将目光锁定在"已失去的"或"没有的"，而忘记了"已有的"和"曾经拥有的"，这也是为什么我们会感到苦恼的原因。

　　一个人，只有学会淡忘，才会活得幸福。可是我们总又忘不了，这是因为我们不想放下，如果可以放下，自然也就可以淡忘了。

　　一座古庙，坐落于风光秀丽的峨眉山。山上树木秀美，山下绿水潺潺。庙里有个老和尚，每天都会在傍晚时分出来散步。他有一条小犬，名叫"放下"。

　　小和尚觉得很奇怪，一直想知道师父为什么给小犬起这么一个名字。老和尚不语，只说了句"自己去悟"。小和尚只好每天观察着师父，他见师父每天都会带着"放下"在林间散步，赏落日，迎清风，优哉游哉，小和尚大悟。原来师父每次叫小犬"放下"，也是在提醒自己放下啊！

　　人生总会有太多的负担，我们必须像那位禅师那样学会"放下"。因为只有这样才会放下俗世烦扰，自由自在地生活。

第二章 研磨心态，收获自在

有一个女孩，年纪轻轻得了白血病，眼见生命垂危，父母悲痛万分。女孩却很坚强，尽管她身体虚弱，但是每天都会给母亲讲笑话，让母亲陪她散步。

她喜欢夕阳，每天都会出神地坐在那里看它静静地沉落。她看得那样出神，以至于忘了周围的一切。每到这时，母亲便会悲痛万分，她知道女儿之所以对夕阳那样迷恋，是因为她知道自己以后再没有机会看到了，因此她总会流泪。女儿笑着说："夕阳落了，世界才会那样宁静。"

女儿的病已经越来越重，父母守在女儿的病床前，泪流满面。女儿仍是那样镇静，微笑着对他们说："忘记我的离去，我就会永远生活在你们心中！"说完，女儿闭上了眼睛。他们痛不欲生，但女儿的话鼓励了他们。是的，忘记她的离去，她就会永远生活在你的心中。

人生的路上，我们所看到的，并不都是美丽的风景，这时，就要学会遗忘。遗忘，是一种解脱。只有学会遗忘，我们才能以更加积极的心态去面对生活。

坦然接受批评

　　大凡事业有成的人，都能清醒地认识到：不能给予他人忠言的人，不是真诚的人；不接受他人忠言的人，则是一个失败的人。正视自己的弱点，才能走向成功。

　　促使一个人发火的原因有很多，最为常见的就是由遭到别人批评而引起的。无论在生活还是工作当中，我们经常都会看到这类事情的发生，一个人因为遭到别人的批评后到处发泄情绪，所有人都成了他攻击的对象，愤怒的心理使他们变得极为暴躁。从小到大，我们挨过父母的骂、挨过老师的骂，也挨过其他人的骂。同样，那些历史上许多成就卓越的著名人物也都被人骂过，但是，他们都能以良好的心态去对待这些骂他们的人。而现在生活当中，你被人骂时，能以良好的心态去面对那

第二章　研磨心态，收获自在

些骂你的人吗？

　　美国的国父乔治·华盛顿曾经被人骂作"伪君子""大骗子"和"只比谋杀犯好一点"。《独立宣言》的撰写人托马斯·杰弗逊曾被人骂道："如果他成为总统，那么我们就会看见我们的妻子和女儿，成为合法卖淫的牺牲者；我们会大受羞辱，受到严重的损害；我们的自尊和德行都会消失殆尽，使人神共愤。"但是他们并没有被吓倒，而是以良好的心态去面对这些人，所以他们能做出如此之大的成就。

　　乔治·罗纳在维也纳当了很多年的律师，但是在第二次世界大战期间，他逃到瑞典，那时他很需要找到一份工作。由于罗纳是一个能说能写的人，所以他很自信地认为自己能找到一份很好的工作，这份工作就是做一名出色的秘书，但绝大多数的公司都回绝了他，说因为现在正在打仗，他们不需要用这种工作人员，不过他们会把他的名字存在档案里，当某天需要的时候再找他。

　　但在罗纳公司之前的最后一个公司的回绝让罗纳很生气，他们对罗纳说："你对我们所做生意的了解完全错误了。你既错又笨，我根本不需要任何替我写信的秘书。即使我需要，也不会请你，因为你甚至连瑞典文也写不好，你的求职信里大部分都是错字。"

罗纳很生气，他很想对那个人发火，但他还是冷静了下来，他对自己说："等一等。我怎么知道这个人说的是不是对的？我修过瑞典文，可是并不是我的母语，也许我确实犯了很多我并不知道的错误。如果是这样的话，那么我想得到一份工作，就必须再努力学习了。这个人可能帮了我一个大忙，虽然他本意并非如此。他用这样难听的话来表达他的意见，并不表示我就不亏欠他，所以我应该感谢他的提醒。"于是罗纳没有生气，而且感谢这位回绝他的人。

但让罗纳意外的事竟然发生了，那个回绝他的人对罗纳说："你能这样，让我感到很高兴，我希望你能加入我们公司，和我们一起努力奋斗，因为你的心态会使你更好地完成任何一件任务的。"

通过上面的故事，我们可以得出这样的一个启示，我们永远不要试图报复"仇人"，因为如果我们那样做的话，会深深地伤害了自己。要培养平安和快乐的心境，以感激的态度对待指责你的人，你也许能从中得到许多意料之外的好处。

第二章　研磨心态，收获自在

马修·希拉绪指出："只要你超群出众，你就一定会受到批评，所以还是趁早习惯为好。"

因此，无论你是被人踢，还是被人恶意批评也好，请记住，他们之所以做这种事情，是因为这件事能使他们有一种自以为重要的感觉，这通常也就意味着你已经有所成就，而且值得别人注意。很多人在骂那些教育程度比他们高的人，或者在各方面比他们成功得多的人的时候，都会有一种满足的快感。正如哲学家叔本华说的那样："庸俗的人在伟大的错误和愚行中，得到最大的快感。"

其实，批评不是一件坏事情，无论你被批评或批评人。所以，当我们听到有人说我们的"坏话"的时候，先不要急于替自己辩护。我们要理智地去会见批评我们的人。"我们敌人的意见，要比我们自己的意见更接近于实情。"罗契方卡也这样认为。我们必须要有这样一种胸怀，哪怕是面对别人尖刻的批评的时候，也要保持这样的风度："如果批评我的人知道我所有的错误的话，他对我的批评一定会比现在更加严厉得多，或许我真的在这方面存在缺点呢。"

当我们受到不公正的批评时，该怎么办？我们也应该欢迎这样的批评，因为我们不可能永远都是正确的。或许当你受到别人的恶意攻击而怒火中烧时，何不先告诉自己："等一下……我本来就不是完美的，就像爱因斯坦这样伟大的科学家都承认自己99%都是错误的。这个批评可能来的正是时候，如果真是这样，那么我就应该感谢他了。"

第三章

一切美好源于心态

第三章　一切美好源于心态

一念之间

　　一个人能否成功,关键要看他的态度。成功者与失败者之间的差别是,失败者的人生是受过去的种种失败与疑虑引导支配的;成功人士则刚好相反,他们始终用最积极的思考、最乐观的精神和最辉煌的经验支配和控制自己的人生,成功者对待任何事情都有一个好态度。

　　曾有专家做过这样一份调查:他们对两个学历、能力、爱好等其他各方面因素都比较相同的人做了一个长期的跟踪调查。经过十几年跟踪调查后发现,两个人的成败与否并不是因为其他方面因素,而是因为他们对所做事情的态度。其中一个人之所以能取得成功,过上幸福快乐的生活,是因为他遇事永远都会用积极乐观的态度去面对。而另一个人的生活始终都充满了忧虑,虽然也取得了一些成就,可各方面压力让他觉得生活是那么的压抑,丝毫没有体会到成功带来的喜悦和幸福。

　　态度对人生有着巨大的影响。从古至今,那些取得成功的人,往往都是一个怀有乐观、向上心态的人,无论面对任何事情他们始终都不会改变这一良好心态。

　　佛家认为,物随心转,境由心造,一切皆由心生。也就是说,一个人以怎样的心态来面对人生,相应地就会有什么样的命运。那些成功者之所以能取得成功,往往都是因为他们具有积极乐观的心态,良好的心态是他们取得成功的基石。一位伟大哲学家曾这样说道:"要么你去驾驭命运,要么命运驾驭你。你的心态决定了谁是坐骑,谁是骑师。"

　　成功者运用积极的心态支配自己的人生,他们始终用积极的思考、乐观的精神和丰富的经验控制着自己的人生。失败者总是运用消极的心态支配自己的人生,他们一直都在接受失败的引导,他们长时间生活在空虚、悲观、失望之中,所以迎接他们的只能是失败。

　　小时候的富兰克林·罗斯福,是一个非常胆小的男孩。惊恐的表情总是浮现在他的脸上,即使当他面对师长或面对一些生活中极为普通的事情时,他通常也会心跳加快,呼吸就像喘粗气一样,他总是低着头不敢面对老师和同学。但是,后来

第三章　一切美好源于心态

富兰克林凭着积极的心态和奋发的精神，终于成为一位最得人心的美国总统。在他晚年时，他少年时的缺陷已经被世人忘记了，人们记在心里的只有富兰克林那充满自信的表情。

任何人的一生都不可能永远一帆风顺，所有人都会遇到一些挫折和失败，但这并不是我们怨天尤人、自甘堕落的理由。人的一生中，原本就是一个不屈战斗的过程，为了在事业上取得成功，为了自己的生活过得更加快乐，就必须面对现实，并积极乐观地去迎接挫折，这样才可能实现自己的目标。面对环境的不利因素，成功者可以用良好的心态去面对，对于他们而言，任何困难都不能阻止他们通往成功的脚步。相反，只有那些失败者才会受到不利因素的影响，甚至一些小小的困难都会成为他们难以逾越的鸿沟。

一个人的成功与失败在于他的一念之间，当你认为自己是一个非常优秀的人时，你的精神状态就一定是积极乐观的，你的言行举止也必然是积极向上的。如果你每天都是一副失落的表情，那么，你给他人和自己带来的将是一种失败的感觉。

1925年，沈从文26岁，凭借着在上海文坛的积极打拼，名气不小。当时任中国公学校长的胡适很欣赏这个有作为的年轻人，便聘请他为该校讲师。但是名气毕竟不是胆气，沈从文在他第一次走上讲台的时候，面对着讲台下座无虚席渴盼知识的学子，这位大作家竟然一下子紧张得说不出话来。过了好一会儿，他的心绪才平静下来，开始讲课。但是由于缺乏教学经验，原本准备要讲授一个课时的内容，却被他在10分钟内就讲完了。同学们都面面相觑，不清楚这位大作家的葫芦里面到底装了什么药。这剩下的时间该如何打发呢？面对这种状况，沈从文的态度极为诚恳，他并没有天南海北、信口开河地硬撑场面。他拿起粉笔在黑板上工工整整地写道："今天是我第一次上课，人很多，我害怕了。"面对如此诚实的话，同学们即刻报以热烈的掌声。

　　胡适后来听说了他这次讲课的经过，不仅没有提出批评，反而幽默地说："沈从文的第一次上课成功了！"

　　是啊，坦言失败的真诚，当然不是随机应变的智慧，但它具有比智慧更加诱人的魅力。有些凭借随机应变的智慧难以收场的局面，坦言失败的真诚却能轻而易举地为其画上圆满的句号。

　　一个年轻人，大学毕业后凭着青年人的热情，他决定到一个偏僻的山村去接受锻炼。到了目的地，他才了解到这里条件的艰苦远远超出了他的想象：风不停地吹着，到处飞沙走石，

第三章　一切美好源于心态

甚至连个和他谈心的人也没有。他难过极了，写了封信向他们的父母求救。一个星期后，他收到了父母的来信，他展开一看，只有一句话："两个人从窗户往外看，一个看见的是无尽的黑暗，另一个看见的却是星星。"看了父母的来信，他为之前的举动感到惭愧万分，他决心要做那个看星星的人。后来，他主动和当地人交上了朋友，并对他们提供真诚的帮助，他的生活也渐渐变得充实和快乐起来。

有的人在优越的环境中看到的总是烂泥，而有的人在逆境中看到的总是星星。不管在什么样的环境中，改变一下你自己的心态，你就会更快乐。

"汉堡包王"克罗克出生于西部淘金运动的尾声，这样一个本来可以大发横财的时代与他擦肩而过了。中学毕业之后，他正准备上大学，1931年美国经济的大萧条来临了，困窘的现实情况使他不得不放弃学业转去搞房地产维持生活。可是，当他的房地产生意刚有起色，第二次世界大战又打起来了。克罗克竹篮打水一场空。这以后，他到处求职，曾做过急救车司机、钢琴演奏员和搅拌器推销员。但克罗克似乎命犯"煞星"，他无论从事何种职业，不幸几乎就没有离开过他。

尽管如此，克罗克仍是保持高昂的斗志，仍然执着地追求着。直到1955年，在外闯荡了半生的他依旧两手空空地回到了老家。这时，他发现迪克·麦当劳和迈克·麦当劳开办的汽车餐厅生意十分红火，他确认这种行业很有发展前途。于是，他卖掉了家里的一份小产业后，再一次开始了创业的漫漫征途。当时克罗克已经52岁了，对于多数人来说，这正是准备退休的年龄，可他却决心从头做起。后来，他甚至借债270万美元买下了麦氏兄弟的餐厅。经过几十年的苦心经营，麦当劳现在已经成为全球最大的以汉堡包为主食的快餐公司，在国内外拥有7万多家连锁分店，年销售额高达近200亿美元。

在美国纽约，有一个在零售业响当当的人物，他的名字叫伍尔沃。伍尔沃在年轻的时候，家里非常贫困，当时他只能靠在农村工作来维持自己的生活。他经常吃不饱饭，甚至没有衣服穿。后来，他取得了成功。他成功后曾说道："我成功的秘诀就是让自己的心灵充满积极思想，仅此而已。"

他的话值得我们去思考，仔细想想，伍尔沃说得非常有道理，如果一个人没有一个积极向上的心态去面对生活和工作，那么他是不会取得成功的。

第三章　一切美好源于心态

伍尔沃在最开始创业的时候身无分文，是靠着向别人借的几百美元开了一家店。最开始他在纽约开了一家所有的商品都是5美分的零售商店。可店里的生意一直都不好，每天的营业额也是少之又少，没过多久，就坚持不下去了，他只好把商店关了。伍尔沃的第一次创业以失败而告终。可他并没有放弃，在此之后，他又先后开了4个店铺，有3个都是和以前一样，没法经营下去，都一一地关掉了。这个时候的伍尔沃已经到了崩溃的边缘，他几乎已经放弃了。可就在这个时候，他的妈妈来到了他的身边，给了他很多的鼓励，一直在他的身边支持他，让他对自己恢复了信心。在妈妈的帮助下，他重新把自己的心态调整好，继续为自己的理想努力奋斗。最终他成功了，他成了非常优秀的企业家，他还以自己的名字在纽约建立了一座当时在世界上最高的大厦。

态度决定命运

  人生是好是坏,并不由命运来决定,而是由你的信念和处世的态度来决定;生命像一条河流,在岁月的原野上不断地流动着,如果你不主动地、有计划地掌稳自己的航向,它就会随波逐流,消逝在连自己也不可知的远方;如果你不在心理和生理的土壤中,撒下希望的种子,那么荒草便会蔓生;如果我们不主动地把自己的态度导向积极的一面,消极灰暗的心境就会像一只不祥之鸟,在我们的岁月里盘旋鸣叫。

  一个人的态度,往往在很大程度上决定着某一人生时期的价值取向。一个人若是被一些不良的心态左右,人生的航船就有可能驶入浅滩,从而失去发展的机会;一个人若是一生都能持有良好的心态,那么,他人生的路就会越走越宽,生命的景

第三章 一切美好源于心态

色就会越来越美，生命的价值就会越来越大。

每个人生而平等，大家都是血肉之躯，有谁生而高贵？生活中我们大家都是凡夫俗子，谁又比谁差多少？可是数年之后，生活仍然可以把我们塑造成为坐车的、拉车的、造车的和修车的。是什么使我们有了如此大的差别？是我们自己的态度。我们对待人生的态度不同，决定我们生活的前途不同。

受过良好的职业训练、勤奋敬业的员工会被需要，投机取巧、嘲弄抱怨的平庸劳动力会被社会淘汰。每个人在职业生涯的第一阶段选择好执业态度是至关重要的，想要成为职场中的一棵常青树，就要保持好的工作态度。那些在工作中麻木不仁、投机取巧、马虎轻率、嘲弄抱怨，对领导分派的任务眼高手低、吹毛求疵、推托的人，他们在职场中不会有立足之地。个人职业的前途很容易受到消极被动的不良习惯所影响。一个人能否最高水准地发挥出来他的职业水平，与他本人的心态有直接的关系。

史泰龙，世界顶尖的电影巨星，他就是一个用积极的人生态度，打开自己成功之门的人。

史泰龙的生长环境并不好，爸爸是赌徒，妈妈是酒鬼。他父亲赌输了，就拿他和母亲解气。而母亲喝醉时，也拿他出气。他是在拳脚相加的家庭暴力当中长大的，常常是鼻青脸肿，皮开肉绽。由于小的时候总是挨打，致使他的面相并不美，学业也没有长进。自从他高中辍学以后，一个人在街头流浪、当混混。在他20岁时的一天，有件偶然的事情刺激了他，他在心里默默地说："不行，不能再这样做。假如这样下去，和自己的父母有什么区别？"他彻底醒悟了，"不行！我一定要成功！我要带给别人快乐，把痛苦留给自己。"

史泰龙要活出一个人样来，决心要走一条与父母迥然不同的人生道路。然而，他并不知道自己应当去做什么。有很长一段时间，他都在一个人静静地思索着。政治之路的可能性为零；去大企业发展，又没有学历，似乎是两座不可以逾越的高山。下海经商，又没有钱作为资本……想来想去，最后他想当一个演员，不要求学历，也不需要本钱。可又一想，演员的素质与条件他并不具备，很显然，光是长相就很难使人有信心，况且他也没有接受过任何的专业训练。可是，如果不当演员，今生今世他也不会有出头的机会了，他一定要成功，永不放弃。第二天，他就开始行动，去好莱坞，四处找明星、导演、

第三章　一切美好源于心态

制片……他都找了,而且还四处哀求:"我要当演员,请给我一次机会吧,我一定要成功!"

可想而知,他四处碰壁,一次又一次被拒绝,但是他并没有气馁,因为他知道,被拒绝一定是有原因的。他每被拒绝一次,都会认真地反省、检讨,不断地找失败的原因,并作好总结,同时不间断地去找人。

时光荏苒,一晃两年的时间在不经意间就过去了,他身上的钱都花光了。为了维持生计,他在好莱坞打工,做些粗重的零活儿。漫漫长夜,他有时会伤心地痛哭。他不断地问自己:"难道赌徒、酒鬼的儿子一定就要做赌徒和酒鬼吗?难道就真的没有希望了吗?不行,我一定要成功!"如果不能够直接成功,那就换一个方法。

于是,一个迂回前进的办法在他脑中闪现:我可以先写剧本,然后等剧本被导演看中以后,就要求在其中担任角色。现在的他已经不再是一无所知的年轻人。他从拒绝中得到了历练,每一次拒绝都是一次口传心授,一次学习,一次进步。写电影剧本的基础知识他已经掌握了。经过一年的努力,他终于写出了剧本，于是去访遍各位导演："这个剧本怎么样，让我当男主角吧！"那些导演普遍的反应都是剧本还好，可是一提到让他当男主角，导演们都认为这简直是天大的玩笑。他又一次被拒绝了。

虽然被人否定，但他却越挫越勇，并不断地对自己说："也许下一次就行，再下一次、再下一次……我一定会成功！"在上千次被拒绝后的一天，有位曾经拒绝过他几十次的导演对他说："我被你的精神所感动，但是我不知道你是否能够演好。给你一次机会倒是可以，前提条件是你要把剧本改成电视剧，而且只能先拍一集，由你担当男主角，看看观众的反应再说。观众不喜欢的话，你以后就别再想当演员的事情了！"经过了3年多的努力，他终于等到了这一刻，自己终于可以一试身手了。这是他人生中的一次转机，所以一定要全力以赴。他全身心地投入，不敢有丝毫懈怠。由他主演的电视剧，虽然仅仅只有一集，可是却创下了当时全美最高的收视纪录——无疑他成功了！健身教练哥伦布医生曾这样对他评价："史泰龙的意志、恒心与持久力都是令人惊叹的，他每做一件事情，都是投入百分百的精力。行动家的称号非他莫属，从没有看过他呆坐着，总是主动地令事情发生。"

  一位成功人士这样教育他的后代："任何人来到这个世界上，其实生命的潜在价值都是差不多的，关键问题是一个人一生怎样让这价值得以发挥。比如，一块最初只值5元钱的生铁，铸成马蹄铁后就可值10元钱；如果制成磁针之类的东西可值3000多元；如果进一步制成手表的发条，其价值就是25万元之多了。人都应该有一颗进取之心，不断地做大自己，不要让自己的一生都是那块只值5元钱的生铁，内心深处要自始至终都抱有展现自己最大价值的梦想！"

  一个人只要持有积极的心态，通过不断地学习，都能提高自己生命的价值，如果浑浑噩噩地过日子，那将是人生最大的悲哀。

  积极的、充满阳光的心态，能够不断地改变我们的命运，让我们有一种始终生活在晴朗天空之下的感觉，让我们始终拥有一种向上的不可战胜的力量。在这种态度之中，即使遇上了会严重影响我们一生的不幸或灾难之事，我们也依然能很快地从这不幸的阴影中走出来。

良好的心态是无价的

　　良好的心态是无价的，如果你能拥有一个良好的心态，你就能获得你需要的一切。因为良好的心态能让你充分发挥自身的潜能，而潜能的力量则会使你充满前进的动力，它可以改变险恶的现状，带来令你难以相信的圆满结果。

　　安东尼曾经说过："是什么原因使我和我的朋友不如他们？原来差别全在于我们的心态及做法，当我们竭尽心力之后依然无法扭转乾坤时，你有怎样的想法？其实，你可别以为成功者的问题就比失败者的少，要想没有问题，那就只有躺在坟墓里。失败与成功不在于先天环境，而在于我们对它所持的态度和做法。"

　　心态是人生态度的具体化和现实反映。态度是一个人对客观事物的心理反应，积极乐观的人生态度决定了人们良好的

第三章　一切美好源于心态

心态。在一定的社会环境条件下和一定的个人能力基础上，心态决定命运，个人的综合素质则决定心态。个人的综合素质就是个人的脾气、性格和能力的总和。个人的综合素质对每个人的健康、工作、学习、家庭等各个方面都起着重要的作用。一个人能否成功，关键在于他的心态。成功人士与失败人士的差别就在于成功人士有积极的心态，即PMA(Positive Mental Attitude)，而失败人士则习惯于用消极的心态，即NMA(Negative Mental Attitude)来面对人生。这就是拿破仑·希尔所提出的"PMA黄金定律。"

一天晚上，有一个年轻人开车行驶在一条偏僻的公路上，突然轮胎爆了。这个年轻人一边嘟囔着真倒霉，一边下车取出备用轮胎准备换上。可这时又发生了让他没有预料到的事情。车上竟没有千斤顶！这条公路偏僻，半天也不会过一辆车，这真是糟糕透了，年轻人心情沮丧到了极点。于是他四处张望，发现远处有间房子亮着灯，于是走过去借千斤顶。在这段路上年轻人不停地想要是没有人来开门怎么办？要是没有千斤顶怎么办？要是那家人有千斤顶，却不借给我，又该怎么办？沿着这个思路想下去，他越想越沮丧，越想越生气。于是，当他走到那户人家房前敲门,主人刚出来,他便怒气冲冲地向人家劈头盖脸来一句:"你那破千斤顶有什么了不起!"此言一出,令主人丈二和尚摸不着头脑,以为来了个神经病,很不满意地"砰"的一声就把门关上了。

在生活中,存在年轻人这种心态的不乏其人。一个人总把事情往消极的方面想,消极的事情就会越想越多,最终满脑子都是。如果总是这样,就会成为一种坏习惯,会大大降低做事成功的概率。有什么样的心态就会有什么样的人生,无论在生活中遇到怎样的不如意,都要以积极的心态去面对。消极只会给你泼冷水,只会使你的天空阴云密布。不要让沮丧占据你的心灵,只要你换个角度,生命就会不同凡响,生活也会展示给你鲜活的另一面。有些人能够始终保持积极的心态,他们会用"我会,我能""一定有办法"等意念来不断地鼓舞自己,于是便能想尽办法,不断进步。

古代有个秀才进京赶考,前两次都名落孙山,但他没有灰心,于是第三次来到京城参加考试。他住到了前两次住过的店里。考试的前几天,他做了两个怪梦。第一个梦,梦见自己在墙上种白菜;第二个梦,天下雨,他戴了斗笠还打伞。这两个梦好像有什么预示，秀才赶紧去找算命的解梦。算命先生听秀才说完，连拍大腿劝秀才，说："你赶快回家吧。你想想，高墙上种菜不是白费劲吗？戴斗笠还打伞不是多此一举吗？这不是肯定中不了吗？"

听了算命先生的话，秀才心灰意冷，回店收拾包袱准备回家。

店老板看见了，感到很奇怪，于是问："不是明天才考试吗，怎么今天你就要走了？"

秀才把梦和算命先生的话说了出来，店老板明白了是怎么回事。他是个不相信梦的人，为了劝住秀才，他说："我也会解梦的。我倒觉得，你这次一定要留下来。你想想，墙上种菜不是高中吗？戴斗笠打伞不是说明你这次有备无患吗？"

秀才一听，觉得很有道理，于是振作精神参加考试，居然中了个探花。

这个故事虽然只是一个笑话，但却告诉我们一个道理：消极的人以消极的眼光看问题，只能带来失败；积极的人以积极的眼光看问题，最终会走向成功。

纵观古今中外，成功人士都是用积极的心态来支配自己的人生的。他们乐观向上，积极奋发进取，坦然面对生活中遇到的各种困难和问题。而失败的人受过去种种失败经历的影响与支配，往往悲观失望，消极颓废，最终走向了失败。这正应了那句话："成功吸引更多的成功，而失败带来更多的失败。"

所以说，坚信自己能成功并且为成功而不懈地努力，你就有更大的可能迈向成功；如果你认定失败，毫无斗志，混沌度日，那么最后也只能是失败。

一种人说："我有一个问题，那是很可怕的。"

另一种人说："我有一个问题，那是很好的！"这就是两种不同的心态，同时也造就了两种不同的人生。

在推销员中广泛流传着这样一个故事：两个欧洲人到非洲去推销皮鞋。由于非洲天气炎热，非洲人从来都不穿鞋。第一个推销员看到非洲人都不穿鞋，便立刻失望起来："这些人都赤脚，怎么会买我的鞋呢？"于是放弃努力，失败而归。另一个推销员看到非洲人都不穿鞋，惊喜万分："这些人都没有皮鞋穿，这皮鞋的市场大着呢。"于是想方设法，向非洲人推销自己的皮鞋，最后成功而回。

这就是一念之差导致的天壤之别，这就是心态所导致的不同结局。一个人失望而归，毫无收获；一个人信心百倍，满载而归。

　　当你面对一个人，是看他的优点还是缺点？当你看一件事情，是看它的阴暗面还是光明面？当你面对失败，看得更多的是失去还是获得？选择什么样的角度看问题，这是每个人的自由选择，也是每个人的智慧。但我们必须记住：看法决定想法，想法决定做法，做法决定最终的结局。

　　弗雷德认为，如果你以积极的心态发挥你的思想，并且相信成功是你的权利的话，这一信念就会促使你完成你所确定的目标。如果你以消极的心态来面对生活，头脑里充满了挫折与恐惧，那你得到的也只能是挫折与失败。这就是心态的力量。所以，我们要建立积极的心态。

　　有一只非常优秀的猎狗，远近闻名。出去逮兔子，一逮一个准儿。有一天，主人家来了一些尊贵的客人，主人就向客人炫耀说："我家这条猎狗出去逮兔子，那叫一逮一个准儿，百逮百中。"客人不相信，于是主人就将猎犬带到了野外。一看到前面有个兔子，就把猎狗放了出去。

　　一会儿工夫，猎狗回来了，却没有逮到兔子。主人生气地说："贵客临门，正是你露脸的时候，你却给我掉链子，让我丢脸！"没想到狗却对主人说："您今天错怪我了，平时我都是饿着肚子去追兔子的，为了填饱肚子，我拼命地跑。可今天却不一样了，我吃饱了，肚子不饿，所以今天是表演赛。"

不同的心态导致不同的结果。我们平时做事情的时候，总是喜欢讲"我尽量"，"我试试看"，这种心态也许和追兔子的猎狗是一样的，所以很难成功。马克思曾说，心若改变，你的态度跟着改变；态度改变，你的习惯跟着改变；习惯改变，你的性格跟着改变；性格改变，你的人生跟着改变。

我们现在来看看下面两位老太太的故事，也许会从中受到启发。

有两位老太太，都70岁高龄了。

其中一位老太太认为，到了这个年纪，已经是人生尽头了，还有什么希望呢？于是，便开始料理后事，没过几年，就告别了人世。

另一位老太太却做出了截然不同的选择。她觉得一个人能够做什么事不在于年龄的大小，而在于自己的心态。这位老太太在70岁高龄之际，突发奇想，开始学习登山。她就这样不断地攀登，20多年的时间，居然登上了很多高山，其中还有几座

第三章　一切美好源于心态

世界上著名的山峰。前不久，这位95岁的老太太成功地登上了日本的富士山，打破了攀登此山年龄最高的纪录。

这位老太太就是著名的胡达·克鲁斯老太太。

胡达·克鲁斯老太太的例子说明，如果一个人的心态是积极乐观的，就会感到生活的乐趣，就会积极地向目标努力，最终走向成功。

威廉·丹佛斯是布瑞纳公司的总经理，他小时候长得瘦小羸弱。每当他面对自己瘦弱的身体时信心全无，所以心中经常感到不安，而且也没什么大的志向。直到有一天，他遇到了一位好老师，他的人生才从此改变。

上课的第一天，老师把威廉找来，对他说："威廉，我从你的自我介绍中发现，你有一个错误的观念：你认为你很软弱！让老师告诉你，其实你是一个很强壮的孩子。"威廉听到老师这么说，惊讶地问道："是吗？这是真的吗？我怎么可能是个强壮的孩子？"老师笑着说："当然是喽！来，你站到我的面前！"小威廉乖乖地走到老师的面前，听着老师的指示："你看看你的站姿，没有一点儿自信。从中可以看出，你心中只想着自己瘦弱的一面。来，仔细听老师的话，从现在开始，你脑海里要想着'我很强壮',接着做收腹、挺胸的动作,想象自己很强壮,也相信自己任何事都能做到。只要你鼓起勇气真的去做,去行动,很快你就会像个男子汉一样。"当小威廉按照老师的话做完后,忽然间感到全身充满了力量。

如今,他已经将近90岁了,依然活力十足,因为他一直遵循着老师的教诲,数十年来从未间断。每当人们遇到他时,他总是声音饱满地喊:"站直一点,要像个大丈夫一样。"

认为自己瘦弱,自己就瘦弱;相信自己强壮,自己就会变得强壮。同样,如果你坚信自己能够成功,你就会成功,这就是心态的力量。

第三章　一切美好源于心态

成功的起点是培养一个好心态

态度就像一块磁铁，不论我们的思想是正面或负面，都要受它的牵引。全美国最受尊崇的心理学家威廉·詹姆斯曾说过："我们的时代成就了一个最伟大的发现：人类可以借着改变他们的态度，进而改变自己的人生！"

面对生活，你所采取的态度是什么？有的人自怨自艾，有的人却满怀希望；有的人身在福中不知福，有的人却可以在苦难中寻找自己的乐趣。

哈佛大学做的一项调研发现，人生中85%的成功都归于态度，15%则归于能力。研究人类行为的专家都认为，一切成功的起点，是培养一个好的态度。

有这样一则故事：父亲欲对一对孪生兄弟作"性格改造"，因为其中一个过分乐观，而另一个则过分悲观。一天下午，他把事先准备好的色泽鲜艳的新玩具放在屋子的地板上,给悲观的孩子玩,又把乐观的孩子抱进了一间堆满马粪的柴草房里。

过了一会儿,父亲回到屋子里面却看到了悲观的孩子正泣不成声,便问:"你为什么不玩这些漂亮的玩具呢?是不是想你的兄弟了?""不是的,我担心这些漂亮的玩具玩了就会坏的,那样我就不会再有这么漂亮的玩具玩啦。"孩子继续哭泣。父亲望着哭泣的孩子,轻轻地叹了口气。

继而他又轻轻地走进了那间堆满马粪的柴草房,里面的情景让他感到吃惊,他发现那乐观的孩子正兴高采烈地在马粪里掏着什么。那孩子也发现了他的父亲,他扬了一下肮脏的小手,得意扬扬地向父亲说:"爸爸,我想或许马粪堆里还藏着一匹小马驹呢!"

乐观者与悲观者之间,其差别是大相径庭的:乐观者看到的是油炸圈饼,悲观者看到的却是一个窟窿;乐观者在每次危难中都看到了机会,而悲观的人在每个机会中看到的却是危难。一位哲人说:"你的心态就是你真正的主人。"

人生成败,在乎一心!失败者的最大败因就在于他们总是抱着失败的心态去面对一切。冷漠、忧虑、自卑、恐惧、贪婪、嫉妒、猜疑……如同一道道"心墙",阻隔着他们追逐成功的步伐。

追求人生的成功是人的天性,每个人都渴望成功。因为生命只有一次，所以我们都希望它有声有色，希望它轰轰烈烈，希望它是一个辉煌成功的人生，而不是一个碌碌无为、虚度年华的人生。

我们在成长过程中，一定要调动自己的积极性，必须讲究思想上的学习，讲究精神力量。先进的思想是一种巨大的推动力，它能够推动人们去积极努力地工作。在调动自己积极性的过程中，注意提高对一些问题的认识，充分发挥精神力量的推动作用，这是激发自己工作热情和工作积极性的一条重要途径。

在充满竞争的职场里，只有自己才能帮助自己建立信心，激励自己更好地迎接每一次挑战。激励是一种自我心理行为，也是一种理念，让人向上，让人进取，助我们走向成功。

生活中难免有痛苦、折磨、贫困和艰难，但我们不应该被这种表象或暂时的现象所困扰。我们应始终在内心保持一种乐观的精神。只要我们乐观起来，或者换一种思维角度去看待生活，即使是困难也能成为乐观的理由。人生重要的不是处于何种状态，而在于怀抱什么样的境界和依托。这就是人生密码的本质所在！

有人曾说过："人们之所以能够完成一些看来似乎不能完成的事业，是因为人们一开始就相信自己能够做到。"由此可见，信念对于追求成功的巨大作用。因此，我们坚定的信念，是一项极为重要的基础性工作。

积极心态是一种对任何人、情况或环境所持的正确、诚恳而且具有建设性的态度。积极心态允许你扩展希望并克服所有消极思想。它给你实现欲望的精神力量、感情和信心，积极心态是迈向成功不可或缺的要素。

如果你认为所有的事情都很糟，就不可能用正常的心情去对待，态度就会消极，而消极的态度也会反映在行动上，让你尝到失败的滋味。如果把思想引导到奋发向上的念头上去，就会打开一条积极的思路，于是行动也就变得积极起来。

美国作家、演说家海利提供的一份资料表明，美国合法移民中成为百万富翁的概率是土生土长美国人的4倍，而且不管黑人、白人或其他种族的人，不论男全无例外。原因就是他们在面对困难时所采取的态度更积极。

当这些移民初来到美国的时候，眼前的一切着实令他们难以置信，大部分情况下，他们所见到的是无法想象的遍地的机会。他们以积极的心态面对一切。他们惊讶地看到报纸上数不清的求才广告，然后马不停蹄地四处应征。移民在美国的最低薪资和其他国家比起来已是最高薪资，他们在生活上力求简单便宜，若有需要，还会找两份工作，他们做起事来格外勤奋，

第三章　一切美好源于心态

所有的钱都存下来。几乎每个人都衷心感谢美国及它所提供的机会。正是这种心态让他们在面对困难时更加坚强，让他们在遇到挫折时更加乐观，所以成功的概率也就大大增加了。

消极的心态则恰恰相反，它使人看不到希望，进而激发不出动力，甚至还会摧毁人们的信心，使希望破灭。消极心态如同慢性毒药，吃了这药的人会慢慢变得消沉，失去动力，而成功就会离消极心态的人越来越远。

1952年，世界著名游泳选手弗洛伦丝·查威克尔从卡德林那岛游向加利福尼亚海滩。两年前，她曾经横渡英吉利海峡，现在她想再创一项纪录。

这天，当她游近加利福尼亚海岸时，嘴唇已经冻得发紫，全身一阵阵地颤抖。她已在海水里泡了好几个小时。远方，雾气茫茫，使她难以辨认伴随着她的小艇。

查威克尔感到难以坚持，便向小艇上的人求救。艇上的人劝她不要向失败低头，再坚持一会儿，她会成功的。但浓雾使她看不清海岸，冰冷的海水也让她难以忍受。她再三请求，于是他们把她拉上了小艇。后来，她才知道，其实当时她离岸边只有1609千米远，只要她稍稍坚持就能成功，但她的怀疑和恐惧使她与成功失之交臂。

在生活中，我们必须树立积极的心态，它可以让我们在面对困难时更加从容。有太多的人尝到了失败的滋味，就是因为有太多的人没有调整好自己的心态，让自己生活在怀疑、自卑、犹豫和恐惧的泥沼里。

有一个学生为了赚取生活费，单独照顾一位老妇人。这位老人天天失眠，每晚都要服一粒安眠药才能入睡。有一天晚上，这位老人跑来敲学生的门，问他有没有安眠药，因为自己的药吃光了。

这个学生没有安眠药，但他还是回答道："我有，放在楼下，请您稍等一下，我马上下去取。"然后他飞快地跑到楼下，到厨房里取了一粒大青豆。

他知道老人视力不好，难以辨认，于是回到楼上说："这是一颗大号的药丸，治疗失眠效果很好，你服用一次就知道了。"

老人信以为真，把它吞了下去，结果一晚上都睡得很好。从那以后，这位学生就用这种办法治好了老妇人的失眠症。

一种思想进入一个人的心中，就会盘踞成长。如果那是一粒消极的种子，就会结出消极的果实；如果是一粒积极的种子，就会结出积极的果实。曾经执教中国国家足球队的米卢教练说："态度决定一切。"任何一个想取得成功的人快行动起来吧，改变你们的态度，为自己营造一个辉煌的人生。

你的心态阻碍了成功

困境可以是前进的动力,也可以是阻碍;顺境可以帮助我们实现更多的梦想,也可以成为堕落的原因。而这一切都取决于个人对它们的心态。

有一只兔子,天天都在担心,它害怕被猎人抓走,害怕被其他强大的动物吃了,恐惧就像石头一样压在它的心里。

一次,许多兔子聚在一起,这些兔子都在谈论为什么它们都这么胆小,都在为自己的胆小而难过,它们悲叹自己的生活充满了危险和恐惧。就这样,一群兔子越谈越伤心,它们对自己未来的生活失去了信心,总觉得在未来的生活中会有许多不幸发生在自己身上。就这样,这群兔子身上所有的悲观和消极情绪无止境地涌了出来。如它们没有老虎般的勇气、大象般的

第三章　一切美好源于心态

力气、狼一般的牙齿等。每天只能生活在恐惧和害怕中，就连想要抛开一切大睡一觉的权利都没有，害怕在睡着的时候失去它们的生命。

这些兔子都感觉自己的生活已经没有意义了，这种生活也成为它们厌恶做兔子的根源。后来，这些兔子产生了一种想法：与其一生心惊胆战地度过，还不如一死了之来得快活。

就这样，一大群兔子向山崖走去。当它们准备跳崖结束生命时，一群青蛙也从山崖边上的湖岸上跳进了湖里。青蛙跳进湖里的事，兔子常常会看到。但是，有一只兔子特别注意到了这种情况，看到这种情景的兔子突然明白了什么，它想了一会儿，在第一只兔子准备跳下山崖时，它叫了起来："快停下来，我们不用去寻死了，因为还有比我们更加胆小的动物呢！你们快看那些青蛙，当它们看到我们的时候不也是往湖里跳吗？"

经过这只兔子一说，所有兔子的心情都好了起来，因为它们也看到了那些跳入水中的青蛙。一时之间，它们身上涌出了一种很强大的勇气，把所有的消极心理剔除，于是它们快乐地回去了。

这群兔子也明白了，天下间没有什么比失去积极心态更加重要的事了。

关键时候心态的力量往往决定了生与死，在人的本性中，有一种倾向：当我们相信自己能做成任何一件事时，我们就能完成任何一件事；当我们从心里怀疑自己时，我们将一事无成。

积极的人生态度是成功的催化剂，能使一个懦夫成为英雄。从态度柔和变成意志坚强，它使人格变得热情活泼，富有弹性，使人充满进取冲劲和抱负，使人心中充满力量。

拥有积极态度的人身上永远洋溢着自信，他们会用自己的行动来告诉你，要有信心，信心是你无限魅力的来源，要相信你自己，世界上最重要的人就是你自己，你的成功和财富的获得，依靠了你的积极的态度。

积极的人生态度总是充满自信的，即使在遭遇令人特别沮丧的事时，也会把这些事当作生活当中的一种小插曲，或者是一件无关紧要的小事。

每一个心态积极的人都会存在消极的一面，但是，他们懂得让自己不会被消极情绪影响。当他们遇到消极情绪时，他们会选择让自己不沉于其中。拥有积极心态的人都能快乐地生活，即使在面对困难和挫折时，他们仍然如此。那些拥有积极心态的人，

第三章　一切美好源于心态

会以快乐和创造性的态度走出困境迎向快乐和幸福。

积极的心态还有一种力量，能使一个胆小怕事的人变成一个英雄，把一个心志柔弱者变为一个意志坚定的强者。

在生活当中，我们看待任何一件事，都应该考虑好的一面和坏的一面，不应该过多地强调坏的一面，只有强调好的一面，才会产生良好的愿望与结果。

有个男孩子总是向父亲抱怨，生活中为何事事都如此艰难，他真不知道该如何应对。他已经疲于抗争和奋斗，生活中有处理不完的问题，一个解决了，另一个更复杂的马上就跟着出现了。

孩子的父亲是个普通的厨师，他带着孩子来到他工作的厨房。他先往三个锅里都倒了水，然后把它们放在旺火上烧。不久，锅里的水烧开了。他往一个锅里放了一些胡萝卜，往第二个锅里放入了鸡蛋，往最后一个锅里放入了碾成粉状的咖啡豆。他将它们浸入开水中煮，一句话也没说。孩子不知道父亲什么意图，只是静静地看着父亲奇怪的举动。

大约过了20分钟后，父亲把火闭了，把胡萝卜捞出来放入一个碗内，把鸡蛋捞出来放入另一个碗内，然后又把咖啡倒到一个杯子里。做完这些后,他转过头问儿子:"孩子,你看见了什么?"

"胡萝卜、鸡蛋、咖啡而已。"孩子有些不耐烦地回答。

父亲让他的孩子靠近些,并让他用手摸摸胡萝卜,他摸了摸,注意到它们变软了。父亲又让孩子拿起一只鸡蛋并打破它,孩子发现鸡蛋已经是可以吃的熟鸡蛋了。

最后,孩子品尝了香浓的咖啡。孩子笑了,他不知道父亲想对自己说什么。

"这又怎么了?意味着什么?"孩子问道。

父亲认真地解释,这三样东西面对的环境是一样的,煮沸的开水,但是其结果却是不一样的。胡萝卜入锅之前是结实强壮,但是进入开水后,它变软了;鸡蛋原来是容易破碎的,它薄薄的外壳保护着它,可是经过开水的洗礼,它的心变得坚强;咖啡经过了开水,散发了更为迷人的气味,口感也变得更为香浓。

"孩子,每个人看上去都是普普通通,但是经历让我们变得与众不同,并不是环境不同,不同的是自己的心。"父亲语

第三章　一切美好源于心态

重心长地给自己的孩子上了人生的一课。

环境不可以改变，我们却可以保持一个良好的心态。拥有一个良好的心态，无论是逆境，还是顺境，我们一样都能坦然面对。

心里的一念之差会使一个能够成功的人变得一事无成，遇事不战而败。心态的不同导致了人生的不同，每一个失败者遇到困难和挫折时，往往会选择逃避，结果陷入了失败的陷阱。相反，那些成功者们遇到困难和挫折时，他们会迎难而上，保持积极的心态，用"我能够成功、会有办法渡过这些难关"等积极的信念来鼓励自己，然后不断前进，不断创造去打败困难和挫折。

有位伟人说了这样一段话："最常见的，同时也是代价最高昂的一个错误，是认为成功有赖于天生的能力或者是世间所存在的某种魔力，某些我们不具备的东西。"有些人喜欢说，他们所处的现况是非人为因素造成的，认为自己根本改变不了，是属于天意。就和我们所说的兔子的故事一样，兔子认为胆小是天生的，是因为它们身边强大的动物实在太多了，使它们无法去改变。可是，当它们发现有比自己还胆小的动物时，而且那种动物还能安然自在地生活着，它们就平衡了，也就改变了它们的心态。所以，我们应该知道，如何看待人生，是由我们自己的心态决定的。

　　世上无难事，只怕有心人。拿破仑·希尔说过，把你的心放在你想要的东西上，使你的心远离你所不想要的东西。对于有积极心态的人来说，每一种逆境都含有等量或更大利益的种子，有时，看来似乎是逆境的东西，其实隐藏着良机。直面失败，用乐观的心态去迎接生活中所遇到的各种困难，这样才能拥有成功、幸福的人生。

第三章　一切美好源于心态

改变心态就会改变人生

> 人的心理态度是决定人生命运的舵手。物随心转，境由心造，烦恼皆由心生。这句话说的是一个人有什么样的精神状态，就会产生什么样的生活现实。歌德说："人之幸福全在于心之幸福。"

人的生活并非是一种无奈，而是可由自身主观努力去把握和调控的，人生的方向是由"态度"来决定的，起点好坏足以明确我们构筑的人生的优劣。态度不同必然导致人格和人生的不同，而且会有天壤之别。不良心态是形成不良性格与不良人生的主要根源，态度是我们命运的控制器，而且它是我们唯一能够完全掌握的东西。

皮鲁克斯是宏伟的"金门悬桥"的建造者，他说他成功的奥秘是一种叫作"积极心态"的东西。正是这种积极的心态，使他敢于抛却旧有的思维习惯，最终建成了世界上最长的单跨度桥。

积极的心态就是一种必胜的信念，它超越一切经验和胆识，成为最不可战胜的制胜法宝。要想取得成功，就看你如何运用自己这件看不见的法宝。积极的心态就是你重要的法宝。有人说性格决定命运，而事实上却是心态决定命运——有什么样的心态，就有什么样的人生。

每年中国社会学家都会做一项深入的研究，研究那些成功者的心态和特性。让他们分别举出影响他们成功的因素都有哪些。结果显示，他们都有很多相同的特性，其中积极的心态被绝大多数人列为重要的因素，这些成功人士就是靠他们的智慧、勇敢和心态获得成功的。可见，心态对他们的影响力有多大。只有良好的心态才能塑造那些谋求实现不平凡愿望的成功者，让他们向自己想要的东西一步一步地迈进，让他们变得不同凡响。

曾经有一名推销员来面见一家公司的销售经理，推销他们公司的产品。秘书把一份产品简介交给了总经理，正如那推销员所想，那经理很不耐烦地把名片丢了回来。

秘书把名片又交回推销员的手中。只见推销员又重新把名

第三章 一切美好源于心态

片递给秘书:"没有关系,我下次再来拜访!所以还是请贵经理留下一份看看。"秘书见推销员这么坚持,只好再次走进办公室,这下经理火了,一下子把名片撕了,秘书惊呆了。只见经理马上从口袋里拿出10块钱,说:"告诉他,10块钱买他这张名片,让他赶紧离开!"

秘书交还撕碎的名片和钱后,推销员不但没有生气,反而很开心地说:"麻烦跟你们经理说,10块钱可以买我的两张名片,我还欠他一张。"随后又掏出一张名片准备交给秘书。这时,办公室里传来了脚步声,只见那位经理走出来,说:"这样的业务员不跟他谈生意,我还找谁谈?"

邻居家门口的墙角里,住进了一只蜘蛛。蜘蛛进来后便开始搭建它的小屋——织网。工程还挺大的,都已经织了两天了,才织了一半。

没有想到晚上却下起雨来,第二天一早,我见蜘蛛的家变成了破庙。哎,好不容易织了一半,这可怜的蜘蛛!没想到到了晚上的时候,看到蜘蛛又开始织了一个新的网,密密麻麻的,比原来的更大、更结实了。我心想:这蜘蛛真是坚强,竟然不怕失败。终于快织好了，一阵大风袭击了它的家，我对蜘蛛表示悲哀，可是第二天我见它又在织，它终于成功了。

　　从这件事上我学到很多东西，一是选择的重要性，有时选择远比努力重要。相信如果蜘蛛建造的地点要是选在一个安全的地方，也就不会被风雨袭击了。二是要有良好的心态，幸运之神不在上帝那里，而在自己的手中。要有乐观的态度，沮丧只能迎接失败。就是蜘蛛这种不怕失败的精神和自信的心态，使得它最后终于成功了。

　　良好的心态是迈向成功的坚实根基，良好的心态是改变命运的人生利器，良好的心态是收获幸福的心灵法宝，良好的心态是滋润生命的灵丹妙药。有什么样的心态，就有什么样的人生。

　　一个有着积极心态的人，无论面对什么困难，一定会不辞辛苦地向前迈进。在他们眼里，从来没有想过"半途而废"这个概念。因为理想是他们的路标，积极就是他们的力量。

　　阿军是一个男孩，遗憾的是他被一次大火夺去了双腿。这给他幼小的心灵蒙上了阴影，他变得无比消极，甚至想过自杀，想过永远活在孤独、痛苦之中。

　　阿军已经不再是以前的阿军了，他变了。不仅变成了无腿人，还变成了消极、冷僻、极端的人。他无法面对没有双腿的

第三章　一切美好源于心态

自己。

他的生活无法自理，需要人随时照顾他。当他看着满桌子的饭菜近在眼前，却又远得永远也吃不到时，他选择绝食来结束自己的生命。因为在他看来，他成了衣来伸手、饭来张口的废人，什么也做不了，只会给家人带来麻烦。他开始恨这个世界对他不公平，对他太残忍了，他选择放弃自己。

在这期间他不和任何人沟通，就在家里等着死神的到来。你要是把他逼急了，他就变得以咬伤自己来换取他想要的安静。

他常常对自己说："活着对于我来说太痛苦了，简直就是生不如死。"每次一听到这些话，他的母亲就泪流满面，说："儿子，你要坚强些，比你不幸的人有很多。没有了双腿不算什么，你还有手，有你的头脑，有你的思想，只要不再消极，你一样可以追逐自己的梦想。好好活着吧，不为别人，就为了自己。你会发现这个世界很精彩，一样有你的舞台。

妈妈的话深深地刻在了阿军的心里。他开始琢磨妈妈的话，又看了看生不如死的自己。他流泪了，不是为妈妈流泪，而是为自己。

他的心动摇了,开始接受了不健全的自己。他想:"即使没有双腿,我还拥有很多的东西,只是少了腿而已。"他开始给自己打气,他要试着改变自己。他相信决心想改变,就一定能改变。他变得刚强起来,是积极的心态打败了他从前的自暴自弃。积极的心态要带他走出心中的阴影,带着他向太阳招手。

现在的他不仅和家人相处得很融洽,还主动拾起了课本。他知道自己不能干的工作有很多,但他也知道天无绝人之路,一定可以找到能做的工作的。因为他不想靠家人来养活他一辈子。要想站起来,还要靠自己。

找工作还是给了阿军不少打击,好像到处都写着"拒绝"二字。这并没有使他灰心、放弃,也正是别人的歧视,让他更有决心一定要找到工作。因为他要证明给别人看,重要的是他渴望过正常人的生活。

在他的努力和坚持下,他终于找到一份自己喜欢的工作。老板被他的精神所打动了,就破例录用了他。他很珍惜老板给他的机会,工作尽职尽责。热心的老板还给他介绍了一个对象。每天,阿军过得很充实,也很开心,他对现在的生活很满足,相信他以后也会过得很幸福。

是什么给了他勇敢站起来的勇气?是什么给了他重新认识生命的力量?是什么给了他工作的勇气?是他自己的积极心态。

当一个人陷入困境的时候,自然希望能有一个救世主来解救自己,使自己从困境中摆脱出来。其实,世上根本就没有什么救世主,没有人可以充当救世主,能解救你的人只有你自己,就看你怎么看待自己了。积极的心态将是你的救命稻草。否则,即使真的有救世主,但面对一个已经彻底放弃自己,对生活消极的人,也只能无可奈何。

遇到事情,即便是很糟糕的事情,你如果用积极心态看待它们时,你会发现许多事情也有好的一面。

有位哲人讲:"你改变不了环境,但你可以改变自己。你不能改变风向,但你可以调整风帆;你改变不了温度,但你可以增减衣服;你没有漂亮的容貌,但你可以绽放微笑;你不能样样顺利,但你可以事事尽力。"

度决定命运的人生历程,它是人一生中的那段由态度左右的最关键的、最风光的部分,通过这些或成功、或挫折、或无畏的人生历程,你可以发现态度怎样左右我们的人生的,我们都要保持一种好的态度,让它带领我们走向人生的辉煌。

第四章 不为明天而担忧

第四章　不为明天而担忧

克服内心的忧虑

"经得起各种诱惑和烦恼的考验,"培根说,"才算达到了最完美的心灵健康。"忧虑,即担忧、惦念,如果一个人长时间地担忧、惦念就会对事业发展以及身体健康产生很大的负面影响。忧虑最大的坏处在于,它会毁了人集中精神的能力,如果一个人在忧虑的时候,他的思想就会到处乱转,而丧失作决定的能力。

一些心理学家认为,没有什么能比忧虑使一个女人老得更快,忧虑会使她们的表情很难看;会使她们脸上长满皱纹;也会使她们愁眉苦脸、头发灰白,甚至头发脱落;还会使她们脸上的皮肤产生斑点、溃烂和粉刺。忧虑就像不停往下滴的水,滴滴忧虑使你心神丧失。

其实,忧虑大多来自未来可能发生的事,也就是现在还不存在的事。犹太人有句谚语："只有一种忧虑是正确的，那就是为忧虑人多而忧虑。"的确如此，忧虑是无济于事的，只会让我们被烦恼牢牢困住，在原地打转。

忧虑是会自我增强的。亚瑟·史马斯·洛克说过："忧虑是流过心头那条汇集恐惧的小溪。如果水流增加，它就会变成带动所有思绪的河川。"所以，决不可以对这个问题掉以轻心，应该找出产生忧虑的原因，并及时将其克服。

忧虑对我们是有害的，它不但会削弱内心的勇气，还会对身心健康产生不利的影响。一个人如果整日生活在忧虑之中，很难会体会到生活的快乐。哪怕所有的一切已经很完美了，他们还是在担心，仿佛担心已成为他们的一种工作，是没有办法摆脱的。

如果你也有这种情况，就要赶紧将其根除。因为它会污染我们情绪的源泉，让我们时刻生活在恐慌之中。而这种恐慌的情绪又会被带入工作之中，使我们工作起来没有效率、无精打采。而这从一定程度上又加强了我们的忧虑，从而使我们陷入一个恶性循环之中。

荷兰夫人说过："麻烦就像婴儿一样，有人照顾就越长越大。"因此，对待它的最好办法就是不予理会。当头脑中出现这种想法之后，要学会及时转化注意力。你不再去触摸它、咀

第四章　不为明天而担忧

嚼它，它自然也就不会对你造成任何的伤害。

为了对待忧虑，拿破仑·希尔每周都会给自己安排一定的"忧虑时间"。在这个时间之内，他会集中考虑那些让自己感到不安的事情，而其他时间则全身心地投入工作之中。但大多数时候，到了"忧虑时间"时，那些曾经让他感到烦心的事情却不复存在了。

我们也可以试着学习这种方法。如果当真无法排除这种情绪，就抽出特定的时间给它，而在其他的时间内就要全身心地投入到工作中去。但是，切记不可把"忧虑时间"安排在就寝前一小时内，那样会对你的身体带来不利的影响。

事实上，忧虑对我们改善状况不会有任何的作用，它只会让我们陷入一种混乱当中，从而使我们没有办法静下心来专心思考问题。不过，有时适度地忧虑也会给我们带来好处。它会调节我们过热的头脑，不至于被胜利冲昏了头脑，也会督促我们不断地取得进步。因此，它可以成为我们精神生活的一剂调味品。但如果你让它完全统治了你的思想，那么就是有害的了。

忧虑如一个无形的杀手，它如此消极而无益。你与其是在为毫无积极效果的行为浪费自己宝贵的时间，不如消除这一弱点。其实，对许多人来讲，他们所忧虑的往往是自己无力改变的事情。无论是战争、经济萧条，还是心理疾病，不可能因为你一产生忧虑就自行好转或消除。作为一个普通人，你是难以左右这些事情的。然而，在大多数情况下，你所担忧的事情往往不如你所想象的那么可怕和严重。

关于忧虑，一些心理学者结合他们自身经历和众多调查结果，找出了下面五个办法来克服：

第一，分析一下产生忧虑的原因。我们知道，要想治好疾病，就要学会对症下药，否则就难以取得应有的疗效。对待心理疾病也是如此。你首先要弄清产生忧虑的原因，只有弄清原因才能想出解决的办法。其实在大多数情况下，我们的忧虑感都是多余的，其实事情远没有自己想象的那么坏。或许你可以让它先搁置一段时间，不去理睬它，等过一段时间再准备去面对它时，它已经无影无踪了。

第二，对挫折有一个正确的认识。挫折，是每个人都会遇到的，一定要以正确的心态来面对。从某种程度上讲，挫折对我们的人生有一种积极的意义。它会让我们对世界的认识越来越深刻，也会让我们自身的能量得到进一步的增强。

一个饱经沧桑的人，在生活面前会比常人更勇敢、更有智慧。相反，一个没有经历过磨炼的人，就会像温室中的花朵，

第四章　不为明天而担忧

很难取得大的成绩。所以，我们要用另一种心态来看待困难。当你调整好自己心态的时候，也自然就没有什么可担心的了。

第三，适当转移注意力。如果你的头脑里又出现了一些消极的思想，要学会及时转换自己的注意力。消极思想就像一个任性的孩子，你越是招惹他，他越会没完没了；当你背过脸去时，他也就无能为力了。可以攫取生活中一些快乐的事情，一些温馨的回忆，来代替那些不快的事情。慢慢的，你的烦恼也就会烟消云散了。

第四，建立信心。我们之所以会忧虑，是因为我们对自身的能力有所怀疑，是因为我们对自己不是很自信。一个有信心的人，就会有勇气面对生活中各种各样的困难。当然，信心的建立需要一个很长的过程，它也需要我们经过不断的锻炼才能建立。当你建立起信心的时候，心智就会变得更加成熟，忧虑也自然会消失了。

第五，多交益友。人类除了物质需求之外，还需要精神需求。而朋友可以满足我们的精神需求。一个交友广泛的人，心胸自然会变得越来越广阔，他的学识会随着交往的增多而得到增长，遇到困难时，会得到更多的援助。因此，他在面对困难时就会更有信心，忧虑自然减少了。

不为明天而担忧

> 把所有心思都放在"今天",是正确的选择,把眼前的事做好,才是获得成功与快乐的根本。

在撒哈拉大沙漠中,生活着一种非常有趣的小动物,名字叫沙鼠。据说,这种小动物的生命力非常强。每当旱季来临前,这种沙鼠都要囤积大量的草根。一只沙鼠在旱季里只需要吃2公斤的草根,而沙鼠通常要运回10公斤草根才踏实,否则便会焦躁不安,"吱吱"叫个不停。经过研究证明,这一现象是由一代又一代沙鼠的遗传基因所决定的,是沙鼠天生的本能。曾有不少医学界的人士用沙鼠来替代白鼠做医学实验,因为沙鼠的个头很大,能更准确地反映出药物特性。但所有的医生在实践中都觉得沙鼠并不好用。其问题在于沙鼠一到笼子

第四章 不为明天而担忧

里,就到处找草根。尽管笼子里的沙鼠"食无忧",但它们还是一个个很快就死去了。医生发现,这些沙鼠的死亡是因为没有囤积到足够多草根的缘故,确切地说,它们的死亡是因为内心极度焦虑。

生活中,同样存在这样的问题:人们总是在为未来而担忧。这就导致了人们无法将全部心思放在眼前,做起事来总是不能集中精力,甚至还会莫名其妙地产生不安的心理,便使人们无法定下心来把事情做好,生活也会因此而充满烦恼。

很多人都听过"杞人忧天"的故事:

一个杞国人,在某个晴空万里的一天,突发奇想:"假如有一天,天塌下来了,应该怎么办呢?到时候活活地被压死,那个真是太悲惨了。"

此后,他几乎每天都在为这件事而发愁,终日精神恍惚,脸色憔悴,似乎世界末日即将来临。因此,郁郁而终。

如今的生活也是这样,总有些人为一些很遥远、甚至是几乎不可能发生的事而担忧。他们会因此而变得急躁不安,整天处于忧虑当中,以至于对眼前的事情都不去理睬,整个人都变得消极下来。

长期处于焦虑的状态，对身体健康也有着很大危害。一个人只是生了一点小病，甚至只是身体稍有些不舒服，原本是很容易康复的，可因为他怀疑自己生了重病而过度忧虑，便会导致病情的加重。有的医生发现一个病人生了重病的时候，往往不会告诉他病情的状况。医生之所以这样做，就是因为他们怕病人得知自己的病情后产生焦虑的心理。而焦虑的心理往往最容易使病情加重，为康复治疗带来麻烦。

二战时期，一位焦虑过度导致病情加重的士兵向医生求助，医生了解了他的情况后，对他说："人生其实就是一个沙漏，上面虽然堆满了成千上万的沙子，但它们只能一粒粒，慢慢地通过瓶颈，任何人都没有办法让很多沙粒同时通过瓶颈。假设我们每个人都是一个沙漏，那些沙子就好像忧虑一样，我们必须让它们一个个地解决。"

人生就像一个沙漏，我们只能遵照生命的规则处理我们周围的事——不管是快乐还是忧虑，都要一点点地享受或排解，不然，我们只能乖乖地做命运的奴隶。

忧虑是由心而生的，在很多时候，使人们产生忧虑的心理往往并不是一件多么重要的事，而是一些很不起眼的小事。是人们将其无限夸大后，才使自己产生了忧虑的心理。卡耐基就

第四章 不为明天而担忧

曾这样说道:"其实很多小忧虑也是如此,我们都夸张了那些小事的重要性,结果弄得整个人很沮丧。我们经历过生命中无数狂风暴雨和闪电的袭击,可是却让忧虑的小甲虫咬嚼,这真是人类的可悲之处。"

当然,一个人的心情总有起伏的时候,不可能永远都维持在高潮期,而且适度的心理低潮有时也能调和乐观过度的缺点。

心情是有规律可循的,心情波动总会在一定的时间段之内。所以情绪低落之时,让自己平静下来,等待一段时间过后,一切都会好起来,千万不要一天到晚都唉声叹气。

当然,有些担心也是好的,但是要适度调整。不要成天生活在担心中,惶惶不可终日。

大诗人李白说得好:"天生我材必有用。"每个人都有存在的独特价值。

曾经有一个年轻人,受到了很严重的打击,他觉得自己一无是处,这个世界对他来说,已经失去了生存的意义。一天傍晚,他来到了河边,准备结束自己的生命。他在冰冷的河边站了很久,就在他下定决心要跳进河里的时候,看到一个老太太跌跌撞撞地走来。她不停地用手中的拐杖敲打着地面,好几次险些被零乱的树枝绊倒——原来她是个盲人。这个年轻人见到老人这样，心中生出几丝怜悯。他想，或许在他死之前应该先把这位老人送回家，也许这是我能做的最后一件好事了。"需要帮忙吗？"他走上前去问这位老人。老人听见有人同她说话，立刻高兴了起来："您好，太高兴能在这里遇见你。我迷路了，您能帮我回家吗？"年轻人问清老人的地址，便把她送回了家。一路上，老人不停地与他聊着，老人的乐观深深地感染了他。回到家后，老人向他表示了谢意，并请他进屋喝咖啡、吃糕点，但他婉言谢绝了。离开老人的家，他没有再向河边走去，他要好好地生活，因为他知道，自己的生命还是有意义的。

要想向自己宣战，首先就必须树立一种精英观念。一旦有了这种力量，信心就会增强。而且你要将这种信念深深地根植于你的思想里——你必须将自己点燃。你要让体内的激情和力量熊熊燃烧，将生命照亮。

内心若想得到成长，个性若想得到拓宽，就必须不停地接受挑战，然后你会看到自己变得更加强大、更加完美。

所以，让我们记住那句话："天下本无事，庸人自扰之。"

第四章　不为明天而担忧

走出不幸

生活中总会有这样一些人，他们会因为受到一点点挫折便整日活在忧虑当中，情绪也会因此而变得极为低落，尽管时间过了很久，可他们始终还是沉浸在因为遭遇挫折而带来的痛苦之中。这样做无非是自寻烦恼，为过去的事情而感到懊悔，或是始终活在失败的阴影下。很显然，这是一个非常不明智的选择。这样做，除了给自己增添烦恼以外不会有一点儿好处。

一个秀才几次名落孙山之后，就失去了以往的开朗性格，每天都生活在烦恼和忧虑之中。为了改变这种情况，他四处寻找能帮助自己解脱烦恼和忧虑的智者。

一天他经过一片田地，看见一位农夫在田里干活儿，并哼着小调。秀才走上前去对农夫说道:"你看起来非常快乐,有什么原因吗?你能教给我解脱烦恼和忧虑的方法吗?"农夫停下手中的活儿,看了看秀才,对他说:"你和我一样在田里干活儿,就什么烦恼都没有了。"秀才很高兴,心想这回终于可以告别痛苦和烦恼了。于是,他便和农夫一起干活儿。可过好一会儿,他觉得这似乎没有什么用,仍旧很烦恼。秀才离开了农田,继续上路了。

这天,秀才到了一座山脚下,正好看到一位白发老翁在河边钓鱼,看到白发老翁深情怡然、自得其乐的样子,秀才走了上去,对老翁说:"老人家,你能教我如何解脱身上的痛苦和烦恼吗?"白发老翁对秀才说:"年轻人,和我一起钓鱼吧!保管你的烦恼和痛苦一扫而空。"秀才又试了试,可仍然没有什么效果,便又无奈地上了路。

几天以后,秀才来到了一个小小山庙里,在那里秀才看到一位老人独坐在棋盘边上下棋,老人面带满足的微笑。秀才向老人深深鞠了一个躬,对老人说明来意。老人微笑地看着秀才,问道:"我知道你的来意了,你希望找到一位智者,帮你

第四章 不为明天而担忧

解脱烦恼与忧虑,是吗?"秀才高兴地回答道:"正是如此,希望前辈能帮我这个忙。"

老人转过身去在棋盘上下了一颗棋子,又问秀才:"你看这棋盘上白子困住黑子了吗?"

"没有。"

"那么,有困难困住你了吗?"老人问道。

年轻人疑惑地答道:"没有。"

"既然没有人困住你,又怎么来解脱你呢?"老人说。

秀才在那儿站了良久,然后整个人仿佛都变了一样,笑着对老人说:"谢谢老人家,我懂了。"

老人的一番话使年轻人明白了一个道理:在生活中,很多烦恼都是人自找的,所有的烦恼和忧虑都是自己把自己困住了,与别人无关。

相信很多人都曾遭遇过类似的经历,例如,我们每天都在想自己会不会失业,会不会迟到?今天是否能将领导安排的任务做好。这样做不但会使生活充满忧虑和苦恼,精力也会因此而不能集中。那么,原本能做好的事情,往往会被自己搞砸。

担忧是最容易导致人们变得忧虑的,如果你总是为某些尚未发生的一些事情担忧，那你的生活将很难有快乐存在。退一步想，就以上面的几个例子来说，即便是真的失业了，又有什么可怕的呢？我们可以再去找更好的工作。以统计学来说，最坏和最好的情况出现的概率都是微乎其微的。同时，它们的机会也大概相等，所以你不必担心。更何况，如果最坏的结果真被你碰到了，你又能怎么办？你的担心能够改变吗？"

　　在现实生活中，人们常常会遇到各种各样的困难。相信谁也不想陷入困难的沼泽里一卧不起，我们来不及哀叹和埋怨，更没理由因为害怕失败而止步不前。只有杜绝消极情绪，时时激励自己及时地调整自己的精神状态，才能使自己从阴影中走出来，继续开始追求成功的征程。

第四章　不为明天而担忧

杜绝浮躁心理

人不能心浮气躁，静不下心来做事。荀况在《劝学》中说，蚯蚓没有锐利的爪牙、强壮的筋骨，但却能够吃到地面上的黄土，往下能喝到地底下的泉水，原因是它用心专一。螃蟹有八只脚和两个大钳子，它不靠蛇鳝的洞穴，就没有寄居的地方，原因就在于它浮躁而不专心。

浮躁的人因为轻浮、急躁，对什么事情都深入不进去，只知其一，不究其二，往往会给工作、事业带来损失。所以，浮躁的心态是要不得的，它是我们幸福生活和收获成功的顽石，必须清除。在追求成功的路上，容不得浮躁的心态。"三天打鱼，两天晒网""当一天和尚撞一天钟"都是浮躁的表现。我们要清除浮躁，要踏实、谦虚，戒骄戒躁是要求我们遇事沉着、冷静，多分析多思考，然后再行动。不要这山望着那山高，干什么事情都干不稳，最后毫无收获。因为成功往往不会一蹴而就，而是包含着奋斗者的汗水和心血，苦尽才能甘来。

有一座禅院，住着老和尚和小和尚师徒两个人。在炎热的三伏天，禅院的草地枯黄了一大片。"快撒些草籽吧，好难看呀！"徒弟说。"等天凉了。"老和尚挥挥手，"随时。"

中秋到了，老和尚买了一大包草籽，叫小和尚去播种。秋风突起，草籽四处飘舞，"不好，许多草籽被吹飞了。"徒弟喊。"没关系，吹去者多半中空，落下来也不会发芽。"老和尚说，"随性。"

刚撒完草籽，几只小鸟就来啄食，徒弟又急了。"没关系，草籽本来就多准备了，吃不完。"老和尚继续翻着经书，"随遇。"

恰巧半夜一场大雨，小和尚冲进禅房说："这下完了，草籽被冲走了。""冲到哪儿，就在哪儿发芽。"老和尚正在打坐，眼皮抬都没抬，"随缘。"

不久，光秃秃的禅院长出青草，就连一些未播种的院角也泛出绿意。望着禅院每个角落泛出的绿意，徒弟高兴得直拍手。老和尚站在禅房前，微笑着点点头："随喜。"

第四章　不为明天而担忧

故事中徒弟的心态是浮躁的，常常被事物的表面现象所左右，而师父的平常心看似随意，其实却是洞察了世间玄机后的豁然开朗。

在这个千变万化的世界中，人人都可能有过浮躁的心态，这也许只是一个念头而已。一念之后，人们还是该做什么就做什么，不会迷失了方向。然而，当浮躁使人失去对自我的准确定位，使人随波逐流、盲目行动时，就会对家人、朋友甚至社会带来一定的危害。这种心浮气躁、焦躁不安的情绪状态，往往是各种心理疾病的根源，是成功、幸福和快乐的绊脚石，是人生的大敌。无论是做企业，还是做人，都不可浮躁。如果一个企业浮躁，往往会导致无节制地扩展或盲目发展，最终会失败；如果一个人浮躁，容易变得焦虑不安或急功近利，最终迷失自我。

有一位年轻人，他对大学毕业之后何去何从感到彷徨，因为他没有考上研究生，不知道自己未来的发展；他的女朋友将去一个人才云集的大公司，很可能会移情别恋……别的同学都主动去联系工作单位，而他成天借酒浇愁，无论做什么都充满浮躁、提不起来一点儿精神，天天混在宿舍里，无动于衷，甚至天天梦想着时来运转。他还经常和同学争吵，从没有耐心地做好一件事，最后他的同学都找到了工作，而他却烦恼丛生。

于是他去找心理医生，心理医生说："浮躁，无病呻吟。你看过章鱼吧？有一只章鱼，在大海中，本来可以自由自在地游动，寻找食物，欣赏海底世界的景致，享受生命的丰富情趣。但它却找了个珊瑚礁，然后动弹不得，焦躁不安，呐喊着说自己陷入了绝境，你觉得如何？"心理医生用故事的方式引导他思考。

心理医生提醒他："当你陷入烦恼的浮躁反应时，记住你就好比那只章鱼，要松开你的手，让它们自由游动。阻碍章鱼的正是自己的手臂。"

人心很容易被种种烦恼所捆绑。但都是自己把自己关进去的，心态浮躁是自投罗网的结果，就像章鱼，作茧自缚，而从不想着走出来，最后让浮躁毁了自己。

有些人做事缺少恒心，见异思迁，急功近利，不安分守己，总想投机取巧，成天无所事事，脾气大。面对急剧变化的社会，他们不知所措，对前途毫无信心，心神不宁，焦躁不安。丧失了理智，做事莽撞，缺乏理性，甚至会做出伤天害理和违法乱纪的事情来。

第四章　不为明天而担忧

人们生活水平提高了，但人的欲望也在一天天地滋长着。一些刚走出象牙塔的大学生，有一种急切地展现自己价值的渴望，他们想急于把花掉的大把学费挣回来，想急着为他花光积蓄的父母表示一下孝心，还急着找自己的配偶，急着买房、买车……这一切，其实哪一项也得花费不菲的钱财。对于刚出校门的他们来说，确实是一项沉重的负担。

当这些欲望得不到满足时，他们越想得到，于是浮躁的心态产生了，做事情没有仔细的态度，比如阅读，从来不会静下心来看看书中的精髓。由于心不在书上，所以眼睛一掠而过，书反而成了消磨时间的工具。做什么都浅尝辄止、浮躁难耐。

人们之所以陷入了浮躁的误区，原因就是失衡的心态在作祟。当自己不如别人，当压力太大、过于繁忙、缺乏信仰、急于成功、过分追求完美等问题出现而又不能得到满意解决时，便会心生浮躁。或者说，浮躁的产生是因为心理状态与现实之间发生了一种冲突和矛盾。

我们可能不时地需要同浮躁作不屈的斗争，有时甚至要用一生的代价去搏斗。比如，官员如果浮躁，他就会为了升迁而不择手段，甚至会做出损害人民的事来。做人如果浮躁，就会急于求成，会让人势利、浅薄。

其实，一些所谓远大的理想也不是那么高不可攀，只是我们太过浮躁。浮躁使我们的生活处于杂乱无序的状态之中。为此，我们会自己管不住自己，我们就会被浮躁所左右，结果是一无所获，只得悲壮地说，从头再来吧。当前，浮躁之风已经遍及我们生活的角角落落。

说什么车水马龙、琼楼玉宇、鱼翅燕窝、钞票美女……这个处处膨胀着欲望的时代使我们很容易进入浮躁的怪圈。

我们不论做什么都来不得半点的浮躁之风，做好任何一件事情，都需要付出相当大的精力和体力。如果浮躁，我们做事的质量就会大打折扣。一个人浮躁，个人就不会成功；一个企业浮躁，企业可能从此走下坡路。我们只有静下心来，踏实而心无旁骛地做事，才不会受浮躁消极心态的控制。

化解压力

世界名著《简·爱》的作者夏洛蒂·勃朗特说:"人活着就是为了含辛茹苦。"人的一生肯定会有各种各样的压力,于是内心总经受着煎熬,但这才是真正的人生。人无压力轻飘飘,事实上,压力并不完全就是坏事,它也是成就辉煌的最雄厚资本。

压力是一种认知,是在个人认为某种情况超出个人能力所应付的范围时所产生的。我们常常认为压力是外来的,一旦碰到不如意的事情,就认为那是压力。这就要求我们对压力有个正确的认识,一个人能否顺利应付压力,取决于他对压力的认识和态度。

西班牙人爱吃沙丁鱼,但在古时候,由于渔船窄小,加之沙丁鱼非常娇贵,它们极不适应离开大海之后的环境。所以,每次打鱼归来，那些娇嫩的沙丁鱼基本都是死的。这不但影响了沙丁鱼的食用味道，而且价格也差了好多。为延长沙丁鱼的活命期，渔民想了很多办法。后来渔民想出一个法子，将几条沙丁鱼的天敌鲇鱼放在运输容器里。沙丁鱼为了躲避天敌的吞食，自然加速游动，从而保持了旺盛的生命力。最终，运到渔港的就是一条条活蹦乱跳的沙丁鱼。

　　从沙丁鱼的例子中，我们可以看出适当的竞争犹如催化剂，可以最大限度地激发人们体内的潜力。当人们感受到压力存在时，为了能更好地生存发展下去，必然会比其他人更用功。

　　美国麻省理工学院曾经做了这样一个很有意思的试验：试验人员用一个铁圈把一个成长中的小南瓜圈住，以便观察南瓜在生长过程中这个铁圈承受的压力能有多大。第一个月测试的结果是南瓜承受了500磅的压力。第二个月，测试的结果是南瓜承受了1500磅的压力，这个结果完全超出了原先的估计。等到第三个月时，测试的结果简直让大家目瞪口呆，这个小小的南瓜竟然承受了3000磅的压力。当充满好奇心的试验人员打开这个不同凡响的南瓜的时候，发现这个南瓜被铁圈箍住的部分充满了坚韧牢固的纤维层，而且南瓜的根系也伸展到了整个试验

第四章 不为明天而担忧

土壤。

　　一个小小的南瓜为了冲开铁圈的束缚，尚能够承受如此巨大的压力，并且积极地把压力转化成生存的力量。同理，企业中的员工，在你所处的工作环境下怎么能够不承受工作的压力呢？其实，大多数的员工都能够承受超出他们想象的工作压力，因为他们本身就拥有比自己想象中大得多的潜能。

　　压力，是磨炼成功者的试金石。诸如，在职场上的竞争、忙碌会给人以无形的压力，有些人被压垮了，有些人却可以把压力变成燃料，从而让生命更猛烈地燃烧。优秀的员工不但能够承担来自各个方面的压力，还能够在环境相对轻松的时候给自己"加压"。聪明的员工总是在自己的背后放一根无形的鞭子，让自己在工作过程中的每一秒都处在适当的压力下，这样才有一种紧迫感，才能在工作中保持始终如一的韧劲。企业也总是在不断给员工施加适当压力的过程中，逐渐淘汰那些不能顶住压力的员工，以保持企业的活力与竞争力。

　　小杜在一家外企工作，近来因工作压力较大，时常出现头痛、失眠、四肢乏力、记忆力减退等现象，同时经常烦躁不安，动不动就想发火。到医院检查后经医生诊断，并没有发现什么疾病，只不过是由于工作压力太大而导致身体处于亚健康状态。

　　在现代都市生活当中，像小杜这种情况的并不是个别现象，并且随着社会竞争的加剧，巨大的无形压力正在追赶着上班族。据调查，目前有80%以上的上班族认为自己缺乏职业安全感，担心失业，觉得工作不稳定、缺少归属感、对工作前景感到忧虑、在工作中经常被挫伤自尊心等。这些无形的工作压力会在人的生理和心理方面引起各种不良反应，容易使人产生头痛、失眠、消化不良、精神紧张、焦虑、愤怒以及注意力不集中等症状，严重的还会表现出抑郁症的征兆，如孤僻、绝望，甚至自杀等。

　　工作中有压力是正常的，在我们的工作当中，每个人都会或多或少地遇到各种压力。既然压力是不可避免，又不可消灭的，那么，我们就要学会自我减压，使压力保持在我们能够承受的限度之内，不要发生"水压过大，胀爆水管"的可怕事故。要化解压力，就要不断为自己设定目标，自我加压。处在各种压力之下，你也要善于调整自己的心态。压力是阻力，但压力也是提高你自身能力的催化剂。如果你在面对压力时一味地害怕、困惑，那就很容易被压力打垮。但如果你采取了积极的态度去面对，最后就会发现，其实压力也没什么大不了的。

斯巴昆说："有许多人一生的伟大，来自他们所经历的大困难。"宝剑之所以锋利是由于其通过高温炉火的煅烧和无数千锤百炼中铸造出来的。有很多人本来具有担当大任的能力，但由于一生都在没有风雨的温室环境中度过，他们没有经历过风雨的洗礼，其内在潜伏的能量难以发挥，这就注定其度过默默无闻的平庸人生。因此，适当的压力对于我们来说，并不是我们的死敌，而是我们得以磨砺而出的熔炉，经过它的煅烧，使我们具有了可以适应任何环境的能力。特别是在这个竞争激烈的社会里，适应的压力可以让我们在众多竞争者中胜出。

清除内心的障碍

　　有些时候，阻碍我们去发现、去创造的，仅仅是我们心理上的障碍和思想中的顽石。

　　有一块宽度大约有50厘米、高度有10厘米的大石头，摆在一户人家的菜园里，每当人们从菜园走过，都会不小心踢到那块大石头，不是跌倒就是被擦伤。

　　"父亲，为什么不把那块讨厌的石头挖走？"儿子愤愤地问道。父亲回答说："谁让你走路一点都不小心呢！它摆在那儿，还能训练你的反应能力。要把它挖走可不是件容易事，它的体积那么大，你没事无聊挖什么石头呀！在你爷爷那个时代，它就一直在那儿了。"

　　就这样又经过了几年，儿子娶了媳妇，也当了爸爸，然而这

第四章　不为明天而担忧

块大石头还摆在菜园里。有一天媳妇气愤地说："父亲，菜园那块大石头，我越看越不顺眼，改天请人搬走好了。"

父亲回答说："算了吧！那块大石头很重的，可以搬走的话在我小时候就搬走了，哪会让它留到现在啊？"大石头不知道让她跌倒多少次了，媳妇心里非常不是滋味。

有一天早上，媳妇带着锄头和一桶水，将整桶水倒在大石头的四周。十几分钟后，媳妇用锄头把大石头四周的泥土搅松。媳妇早有心理准备，可能要挖一天吧，谁都没想到几分钟就把石头挖起来，看看大小，这块石头没有想象的那么大，人们是被那个巨大的外表蒙骗了。

你抱着下坡的想法爬山，便不会爬上山去。如果你的世界沉闷而无望，那是因为你自己沉闷无望。改变你的世界，必先改变你自己的心态，搬走那块顽石。

不要把自己当作鼠，否则肯定被猫吃。

在瑞典，有个富贵人家生下了一个女儿。然而不久，她便患了一种无法解释的瘫痪症，从此丧失了走路的能力。

女孩生日那天，家人在大轮船上为她庆祝生日。她坐在轮椅上，与家人一起乘船旅行。船长的太太告诉她说，船长有一只天堂鸟,它非常漂亮,并且给她讲了有关这只天堂鸟的许多奇迹般的故事。她被这只鸟的故事给迷住了,极想亲自看一看。于是保姆把孩子留在甲板上,自己去找船长。孩子耐不住性子等待,她要求船上的服务生立即带她去看天堂鸟。那服务生并不知道她的腿不能走路,只顾带着她一道去看那只美丽的小鸟。奇迹发生了,孩子因为过度地渴望,竟忘我地拉住服务生的手,慢慢地走了起来。从此,孩子的病便痊愈了。女孩子长大后,又忘我地投入到文学创作中,最后成了第一位荣获诺贝尔文学奖的女性。她就是瑞典女作家塞尔玛·拉格洛夫。

忘我是走向成功的一条捷径,只有在这种环境中,人才会超越自身的束缚,释放出最大的能量。

第四章　不为明天而担忧

善于化解心中之结

德国著名哲学家、诗人、散文家尼采说："你们所遇见的最大的敌人乃是你自己，你埋伏在山里的森林中，随时准备偷袭自己。你这个孤独者所做的是追求自我的道路！你应该随时准备自焚于自己点燃的烈火中。倘若你不先化为灰烬，如何能获得新生呢！"

佛祖释迦牟尼在他晚年时曾告诉他的门徒说："我第一次感受到解脱意味的出现是在我离家之前，那时我还是个孩子，一天坐在一棵菩提树下沉思，后来，我发现自己沉浸在日后认定是专心不乱的第一个层次。这乃是我第一次品尝到解脱的滋味，于是我告诉自己'这就是看到了启悟的路'。所以，我决定把生命完全奉献给精神上的探险。"结果，正如我们所知道的，不单单只是一个新的生命哲学的产生，它更是一种以新的人生方式来体验世界的方式。

一个樵夫上山砍柴，无意间在山上遇见一个奇怪的人。那人的外表只有一层薄膜一样的皮肤，五脏六腑都看得清清楚楚，五颜六色的，非常奇怪。

樵夫问："你是什么？怎么长成这个样子？"

透明人说："我的名字叫'妙听'，我不是人，是妖怪。"

樵夫说："你是妖怪？妖怪都该有特别的本事，你有什么本事呢？"

透明人说："我只有一个特别的本事，你看我的身体是不是透明的？这就是我的本事。所有人在我面前都会变成透明的。我不但可以看见人的五脏六腑，还可以看见人的隐私、思想和一切的秘密。简单地说，我会'读心术'，所以才叫作'妙听'。"

"你可以知道人的隐私、思想和一切秘密，那多可怕呀！"樵夫心里想着，问妖怪说："妙听先生，那么今天我怎么会遇见你呢？"

透明人说："我正要去惑乱人间呢！我打算把妻子的心思

第四章 不为明天而担忧

告诉丈夫，把丈夫的心思告诉妻子，让夫妻失去和睦。我打算把朋友之间相互隐藏的秘密告诉对方，让朋友反目。我打算东说说，西说说，把东家最不想让西家知道的事情告诉西家；再把西家最害怕东家知道的事情告诉东家……我不必使用特别的妖术，只靠这张嘴巴，不久之后，世界就毁灭了！"

樵夫越听越可怕，想到人间从此没有隐私和秘密，即使是暗中乱想的心思也会被公之于众，这世界会变得多恐怖呀！樵夫这样想着，他就有了这样一个想法："趁这只妖怪还没有到人间作乱之前，在山上把它杀了吧！"

当他想到这里，妖怪妙听突然大笑："哈哈哈！你刚刚在想，趁我还没有到人间作乱，先把我杀了！你怎么可能杀死我呢？不管你想什么，我都会先知道的！"

樵夫暗暗心惊，假装成浑然不知的样子。

妖怪说："你想装成浑然不知的样子，趁我不注意时杀掉我，哈哈哈……"

樵夫恼羞成怒，拿起斧头就向妖怪砍去，左砍右砍，上砍下砍，不管他怎么砍，斧头还没有下来，妖怪已先"读"出了砍下的方向。妖怪一边躲闪，一边不断地嘲笑樵夫。

最后疲惫不堪的樵夫颓然坐在地上，无奈地对妙听妖怪说："既然杀不了你，你也没有本事害我，我不管你了，我还是砍柴吧！"

休息了一下子，樵夫继续认真地砍伐树木，尽管妖怪在一旁干扰，他却视而不见，完全忘记了妖怪的存在。他进入了无心境界。他的手一滑，斧头飞了出去，正好砍中了妖怪的眉心。

所以说，无论任何人，只要我们的心态平和，我们才能在这个社会中左右逢源，许多棘手的问题也迎刃而解，许多人间的美景才能尽收眼底。如果做不到这一点，他的人生就不会快乐。

一个人夜里做了一个梦，在梦中他看到一位头戴白帽，脚穿白鞋，腰佩黑剑的壮士，向他大声责骂，并向他的脸上吐口水……于是，他从梦中惊醒过来。

第二天早上，他闷闷不乐地对他的朋友说："我自小到大从未受过别人的侮辱。但昨夜梦里却被人骂并吐了口水，我心有不甘，一定要找出这个人来，否则我将一死了之。"

于是，他每天一起来便站在人来人往的十字路口寻找这梦中的敌人。几星期过去了，他仍然找不到这个人。

这个故事说明了什么？他告诫我们，人常常会假想一些敌人，然后在内心积累许多仇恨，使自己产生许多毒素，结果把自己活活毒死。

　　你是不是心中也怀着一股怒气呢？要知道这样受伤害最大的是你自己，何不看开点，让自己的心得到修炼，给自己一个快乐的天堂呢？

第五章

希望一直在

第五章　希望一直在

不问出身

> 成功是一种结果，真正的原因在于成功人士的想法。一个人之所以会成功，是因为他的思想与别人不一样，如此而已。

生活中有很多人会将自己的不幸归结于命运不济，认为自己就是命运的弃儿。可是，那么多从不幸走向成功的人，他们中有几个曾经所处的环境比你现在的环境更好？那他们经历过的种种磨难与不幸与你所遭遇的困境相较，你是不是更应该反省自己的态度？改变那些消极的思想，做一个乐观向上的人？

那么，到底具备什么样的素质才能成功呢？陈安之说："一般人经常有的恐惧，就是害怕被拒绝，害怕失败，为什么害怕，因为觉得自己不够好，因为他不够喜欢自己。如果让你喜欢你自己，你必须反复地念着：'我喜欢我自己，我喜欢我自己，我喜欢我自己，我是最棒的，我是最棒的！'"

我出身于一个地地道道的农民之家，"农民"两个字似乎千百年来就被注定了命运是低贱和贫穷的代名词。记得小时候，妈妈总对我说："你是在棉花地里长大的孩子。"因为无人看管，妈妈只好把我带到田地里去，让我自己在那里任由飞虫的叮咬和孤寂的折磨，因而我常羡慕那些吃公家饭的非农之家，因而常抱怨父母为什么天生就是农民的命，为什么年复一年、日复一日地在庄稼地里受尽风吹日晒，却不能像当官的那样吃好的，用好的，比一比，总感觉矮人三分。

而和父母年龄差不多的邻居大叔却是个大干部，据说是什么局里的一把手。他40多岁，长得白白胖胖，一点儿都不像我那满脸沧桑的父母。每次跟父母去田里干活儿经过他家大门口时，总闻到一股炖肉的香味，也总见他一家人吃着金黄金黄的葱花饼，还有农村人很少见过的挂面。那挂面跟我们平时吃的面不一样，一根根清清亮亮，煮出来利利索索，捞出面，汤还是清的。而我们家吃的面却是娘用擀面杖擀出的汤面，烂糊糊的，拖"泥"带水。暑假里，每次挎着草筐，头顶烈日，

第五章　希望一直在

去地里割草时，常见大叔在胡同的阴凉处坐一马扎，手里摇着八角蒲扇，脚上穿着干净的"趿拉板儿"，地上放着一杯茶。他儿子在他身边玩弹球，有时候见我去割草，也要跟我去地里玩。大叔总是一瞪眼，说："在家老实待着，去地里想要热死啊！"我和他儿子差不多大，我需要到地里去干活儿，而他却为什么不用？这时候，十几岁的我心灵深处萌生的不仅仅是一种羡慕，也开始思考投胎和命运，也许这就是命啊！

稍大一点儿的时候，父亲去世了，我更成了一个名副其实的农民——我与土地打交道的机会更多了，收麦、播种、施肥，差不多都需要我的帮忙了，那时我才13岁，力气还不够提起半桶水，可我已被当个大人使唤了。我往屋里搬麦子，提一桶猪食去喂猪；在大雨中给玉米施化肥，脸被长长的玉米叶子划出一道道血痕……而这些事都是和我同龄的女孩很少做的，这些苦都是先前从不曾吃过的，而那时我必须一边紧张地求学，一边照顾家务。很多个星期天，伙伴来找我玩的时候，我却不得不无奈地看着他们走出家门，心中无限怅然，自卑无比。

于是，每当这个时候，我就会想："谁让自己没有父亲了呢，如果父亲在，我就不用总是干活儿了。"甚至我还埋怨上天的不公平，把我降生在这样一个苦难的家庭。

直到现在我成了都市里一名坐在写字楼里工作的白领，有着一份稳定的工作，而不必像父辈那样在土里刨食的时候，我才彻底明白：出身是无法选择的，关键是你如何对待，虽然以前我比别人多吃了些生活的苦，但在那种艰苦的环境里，我却练就了一种坚强和勇敢——比同龄人多出更多的责任感和自信心。而当时那些比我条件好的农家子弟，却没能走出面朝黄土背朝天的命运。

因为出身贫苦，便不能像富家子弟那样游手好闲，挥霍浪费；便不能凡事任凭自己胡作非为；便在生命中更多了一份责任，多了一份努力。

因此，我感谢自己的出身。农民身份的父母一生勤俭清贫、含辛茹苦地养育了我。是父母粗大而满是厚茧的双手为我支撑起一片天，给了我一个温馨的家。我永远忘不了夜半三更母亲油灯下纺线织布的身影，永远忘不了父亲从田地归来那满身泥土的衣衫，永远忘不了烈日炎炎下父母滚烫的汗水、

第五章　希望一直在

疲惫的身躯，忘不了许多许多……家没有给我更多的安逸和舒适，却给了我更多的激励和奋进，给了我农民身上那种朴实、勤劳、真诚的品质，让我的一生受用不尽。回首往事，一点一滴都有所受益，尽管偶尔有些人生失意，但比起当时优越于我的非农子弟来，已绝无半点自卑之感。是农民的出身给了我刚毅，给了我不屈，给了我吃苦耐劳的品质，给了我坚忍不拔的精神。这种品质和精神激励着我、鼓舞着我，让我时时不忘记自己是个农民的孩子。

出身影响命运，但不决定命运。所以，任何时候，都不要嫌弃自己的出身，出身是别人给的，而命运需要自己争取。最关键的不是出身，而是你自己。

事实上，无数历史上成功的伟人都证实了贫穷的出身对他们一生的正面影响。

美国历史上第一位荣获普利策新闻奖的黑人记者伊尔·布拉格就是一个典型的例证。他勇敢勤奋，功绩卓越，创造了美国新闻史上的一个奇迹。他在回忆自己的童年生活时说："小时候我们家很穷，父母都靠卖苦力维持家用。那时，我父亲是一名水手，收入微薄。很长一段时间，我都一直认为，像我们这样出身卑微的黑人是不可能有什么出息的，也许一生只会像父亲所工作的船只一样，漂泊不定。"

但是，伊尔·布拉格并没有屈服于自己的命运。在他9岁那年，他的命运发生了转变。有一天，父亲带他去参观凡·高的故居时，他被凡·高的生活震惊了。当他站在那张著名的嘎吱作响的小木床和那双龟裂的皮鞋面前，他好奇地问父亲："凡·高不是世界上最著名的大画家吗？他难道不是百万富翁？"父亲说："凡·高的确是世界上最著名的画家，同时，他也是一个和我们一样的穷人，而且是一个连妻子都娶不起的穷人。"

在伊尔·布拉格稍稍大了一点儿的时候，他和父亲又去了丹麦。当他站在童话大师安徒生墙壁斑驳的故居前时，他又困惑地问父亲："安徒生不是生活在皇宫里吗？可是，这里的房子却这样破旧。"父亲回答道："安徒生是个砖匠的儿子，他生前就住在这栋残破的阁楼里。皇宫只在他的童话里才会出现。"

就这样，伊尔·布拉格由于受凡·高故居和童话大师安徒生故居的影响，他的人生观开始完全改变。从那以后，他不再认为自己是一个穷人家的孩子而自卑，他不再以为只有出身好

第五章　希望一直在

的人才会做出一番成就。他说:"我庆幸有位好父亲,他让我认识了凡·高和安徒生,而这两位伟大的艺术家又告诉我,人能否成功与出身和贫富贵贱毫无关系。"

从伊尔·布拉格的转变并取得成功的经历来看,我们不要因为受自己出身的影响,就认为自己将来不会成功,就认为我们没有展现自我的空间,就认为做什么事只能惨淡收场,就开始对自己所从事的事放弃。事实上,只要我们能够清醒地认识自我,就不会因暂时的生活窘迫而放弃了自己的梦想,就不会因其貌不扬被人歧视而低下了充满智慧的头颅。

著名传记作家莫洛亚说:"我研究过很多在事业上获得成功的人的传记资料,发现一个现象,就是不管他们的出身如何,他们都有一个共同点:永远不相信命运,永远不向命运低头。在对命运的控制上,他们的力量比命运控制他们的力量更强大,使得命运之神不得不向他们低头!"

"英雄不怕出身低",许多名人、成功人士并不是从一出生就功成名就,只不过他们的力量更强大,使得命运之神不得不向他们低头!

我们每个人都是非常珍贵的,都是独立的、特别的。如果我们连自己都看不起自己,都不爱惜自己,不关心自己,那么，我们还奢望谁能相信我们，爱惜我们，关心我们呢！我们应该知道，谈到成功，那是我们共同的目标，我们无论是健康的身体、超人的智慧、巨大的财富、美满的家庭，还是良好的人际关系，都是成功的一种体现。可是现实生活中，成功好像离我们太远了，它不仅躲着我们，还处处刁难我们，即使已经成功在望，最后也有可能擦肩而过。于是，有人开始抱怨自己生不逢时，有人哀叹自己运气不佳，也有人觉得自己生来就不如别人，干脆随波逐流，甘于平庸。

来自哈佛大学的一个研究发现，一个人的成功85%取决于他在顺境或逆境中是否能保持坚定不移的信念，而只有15%取决于他的智力和其他因素。

"人生伟业的建立，不在能知，乃在能行"，"行"乃是扭转人生最有力的武器。只要我们立即行动，成功就会很快到来，但不同的行动会产生不同的结果，从不同的结果中又会产生新的行动，把我们带向不同的方向，也正是这样的循环不息，才使我们有了不同的人生。这就是为什么那些成大事者能够脱颖而出的原因，这些人不但具备了行动力，他们还有着不同于一般人的行动方式，从而使自己与众不同。既然人生如此，我们还能奢望什么呢？我们只要坚定信念，相信自己一定能成功，学会将那些不好的遭遇转化为激励我们前进的动力,那么,相信在我们坚持不懈过后,一定能收获令自己满意的结果。

希望永远都在

　　　　身处逆境中的人，只要有一种精神的存在或一种精神的寄托，就会使他爆发出无穷的力量，从而让自己渡过难关。很多时候，我们缺少的就是那么一点点的精神动力。

　　大文豪巴尔扎克说过："世界上的事情永远不是绝对的，结果完全因人而异；苦难对于天才是一块垫脚石……对于能干的人是一笔财富，对于弱者是一个万丈深渊。"

　　在古希腊的一场战争中，一位将军带着他的残兵败将漂流在大海上。他们已经几天几夜没有吃东西。前方雾气茫茫，看不到任何陆地。人们的精神几乎要崩溃了。这样下去，他们只会葬身于这茫茫的大海之中。

　　他们不能在这里等死，必须想办法拯救自己。这时，将军

第五章　希望一直在

发现甲板上有一只空瓶子,于是便把它捡了起来,然后写了一封求救信塞了进去,希望这只瓶子可以带着它漂到祖国。这是他们唯一的希望,他们目送着那只瓶子在海水中渐行渐远。

这时,人群中有人绝望地说道:"不可能的,那里离这里太远了,瓶子根本就不可能会漂到我们国家的。"于是,刚刚在人们心头生起的希望又暗淡了下去。绝望,重新吞噬着每一个心灵。

只见将军斩钉截铁地说:"请相信我,那只瓶子一定会漂回我们的国家。我们都是希腊的勇士,只应该牺牲在战场上,而不是这茫茫的大海里。"

他们就是靠着这仅存的一点希望而存活着。几天后,一艘商船路过时捞到了那只瓶子,于是逆着洋流的方向驶来,终于发现了这些气息奄奄的将士,将他们救上了岸。

没有人喜欢挫折,但是也没有人可以拒绝挫折。但是,经过生活的种种磨炼,不同的人却有着不同的结果。有的人如同烈火中的凤凰,在灰烬中得到重生;而有的人却把它当成地狱,并就此沉沦下去。

有一个非常失意的人到庙里去拜见禅师,他痛苦地对禅师说:"别人有痛苦,可也有快乐;别人有离散,可也有团聚;别人有失去,可也有得到的时候;别人有失意,可也有得到的时机……可我呢?"他沉重地叹了一口气说,"我整天沉浸在痛苦、失意、悲愁之中,就像在漫长的黑夜中看不到一丝曙光,大师,我活着还有什么意义呢?"

老禅师听了,微微沉吟了一下,指着墙外光芒四射的太阳问:"年轻人,你知道白天为什么这么明亮吗?"

年轻人回答说:"这怎么能不知道呢?是因为有太阳呀。"禅师说:"有几个太阳呢?"

年轻人不解地说:"自古就是只有一颗太阳呀。"禅师若有所思地笑笑。

两人在禅房里一直坐到暮霭四沉,星星一颗一颗出来时,禅师微笑着对年轻人说:"施主,请到外面赏月叙话吧。"两人走到院外,早有小和尚搬来了茶桌、木椅,禅师招呼年轻人坐下说:"现在夜幕四合,太阳已经沉进西山里去了,你看夜色多美丽!"年轻人忧伤地说:"夜色再美,又如何能同白天相比呢?白天仰头可看云卷云舒,举目可望田野山川,低首可

第五章 希望一直在

赏虫鸣花香，而这夜色里，我们谁又能看到什么呢？"

禅师笑笑说："白天红尘攘攘，而夜晚却寂静而清爽，你听耳边这徐徐的晚风，你听山上那树叶的轻语，再晚的时候，你还可以卧床凭窗谛听滴露，也可披衣扶栏赏月，夜色有什么不好呢？"见年轻人低头不语，禅师说："白天你只能看见一个太阳，而夜晚你却可以看到许多星星啊！"

年轻人听了，慢慢昂起头来，只见繁星满天，浩瀚的夜空里，闪烁着一颗一颗银钉似的星星，那星星一眨一眨的，像许许多多静静望着自己的眼睛，老禅师望一眼正深深沉醉在繁星里的年轻人问："年轻人，你能数得清天上的星星吗？"

年轻人摇摇头说："那么多的星斗，谁能数得清呢？"禅师又笑着问："那你能数得清天上的太阳吗？"

年轻人说："只有一个太阳，这连傻瓜都能数得清的。"禅师笑了笑说："是啊，一个人的命运虽然没有白天只有黑夜，他失去了一个太阳，但他可以拥有数也数不清的满天星斗啊！"

年轻人听了一怔，又若有所思地想了想，终于笑了说："大师，我明白了。"

命运里虽然缺少阳光,但我们不必为此而沮丧和绝望,因为我们至少还拥有许许多多像银钉一样闪闪发光的星斗。

黑夜不仅仅是黑暗,黑夜也有黑夜的亮点。因为黑夜没有白天的喧嚣,黑夜让你更清醒,更平静,更理智。既然面对着没有白天这个现实,我们何不趁黑夜披星戴月地前进呢?只有努力地向前走,在拼搏奋进的同时,黎明就会在前面等待着你。

做个积极向上的人

　　面对同样的半杯水，消极的人愁眉苦脸地说："真糟糕，只剩下半杯水了。"而乐观的人则会说："真好，还有半杯水。"

　　拥有同样的东西，却有着截然不同的人生态度与价值判断，也是两种截然不同的自我心理暗示。

　　在著名的电影《飘》中，我们常常会看到女主角——漂亮的斯佳丽有一个比较典型的习惯，即每当她遇到什么烦恼或是无法解决的问题的时候，她会很高兴地对自己说："我现在不要想它，明天再想好了，明天就是另外一天了。"实际上，这种"明天再想，明天就是另外一天了"的想法，就是给自己心灵放假的方法，是一种乐观开朗的性格。如果你对一个问题思索了一天，仍然没有什么显著的进展，那你就最好不要去想它了，暂时不做任何决定，让这个问题在时间的流逝中慢慢被解决。倘若你放不下，依旧在那里费尽心思地想，那么你也想不出什么好的方法，因为你当时的状态已经陷入低谷了，相信想出来也不是最佳的方法。

如果你是一个乐观的人，再难的事情在你看来也会有积极向上的一面，遇到事情首先你会把它乐观化、简单化，就算是板上钉钉的坏事，你也会想着去起死回生。

如果我们每个人都懂得在自己的心灵里存入乐观的思想，我们就会拥有希望、力量、勇气，它会使我们快乐地追寻自己的梦想，获取我们想要得到的东西。

清朝人金圣叹是一个对生活永远持乐观态度的人。他潇洒达观，十分懂得玩味和领会生活的乐趣。有一次，他和一位朋友共住，屋外下了10天的雨，对坐无聊，他便和朋友一件件地说日常生活中的乐事，一共列出了30多件"不亦快哉"的事：

"夏七月，天气闷热难当，汗出遍身。正不知如何时，雷雨大作，身汗顿收，地燥如扫，苍蝇尽去，饭便得吃——不亦快哉！

第五章　希望一直在

独坐屋中，正为鼠害而恼，忽见一猫，疾趋如风，除去老鼠——不亦快哉！

上街见两个酸秀才争吵，又满口'之乎者也'，让人烦恼。这时来一壮夫大喝一声，争吵立刻化解——不亦快哉！

饭后无事，翻检破箱，发现一堆别人写下的借条。想想这些人或存或亡，但总之是不会再还了。于是找个地方，一把火烧了，仰看高天，万里无云——不亦快哉！

夏天早起，看人在松棚下锯大竹作为筒用——不亦快哉！

冬夜饮酒，觉得天转冷，推窗一看，雪大如席，已积了三四寸厚——不亦快哉！

推纸窗放蜂出去——不亦快哉！

还债毕——不亦快哉！

读唐人传奇《虬髯客传》——不亦快哉！

……"

在金圣叹眼里，平凡的生活处处充满着快乐。这恰好印证了牛顿的一句话："愉快的生活是由愉快的思想造成的，愉快的思想又是由乐观的个性产生的。"

乐观的个性让人的生活充满愉悦，也给人带来快乐，并在艰难和坎坷中依然自信乐观。林肯就是有着乐观个性的一个人。

林肯身上有许多缺点，但他从来不遮掩自己。当有人笑话他的父亲曾是个鞋匠，林肯笑笑说："不错，我父亲是个鞋匠，但我希望我治国能像我父亲做鞋那样娴熟高超。"林肯善于用最通俗的语言来表达最深刻的道理。他最常引用的名言是："你可以在任何时候愚弄某些人，也可以有时愚弄所有的人，但你不可能总是愚弄所有的人。"

林肯虽生活坎坷，饱经挫折，却仍乐观地看待明天。纵观林肯的一生，他欢乐的时刻要远远少于悲痛与烦恼的时间，但他还在坚持不懈地拼搏。这一点就连他的对手都对他敬佩不已。斯蒂芬·道格拉斯这个两次击败过林肯的竞选对手在评价老对手时说："他是他党内强有力的人物，才智超群，阅历丰富；因为他那副滑稽可笑和说笑不动声色的模样，他是西部最优秀的竞选演说家。"南军总司令罗伯特·李将军也曾说林肯是他一生中最敬佩的人，尽管他们的政见不同。

林肯的乐观大度使他不因为自己出身卑贱而感到自卑，反以实际行动向世人证明：一个鞋匠的孩子也可以通过自己的努力成为美国总统。他的乐观精神还使他不因生活坎坷而自暴自弃，相反他在挫折中不断地吸取教训，变得更加成熟聪明。

更重要的是，林肯的乐观人格使他养成了那种发自内心的幽默感，这不仅是他自我平衡的重要手段，也是他招人喜欢的有力武器。林肯是乐观人格的典范，他经常挂在嘴边的一句话是："上帝一定很喜欢平民，不然，他不会造出这么多平民来。"

成功与失败的一念之差

> 一个人如果心态积极，乐观地面对人生，乐观地接受挑战和应付麻烦事，那他就成功了一半。

我们的心态在一定程度上决定了我们人生的成败。

成功人士的首要标志，在于他的心态。在生活当中，大部分失败的平庸者主要是由于心态没有摆正。每当遇到困难时，他们只是挑选容易的退路去走。"我不行了，我还是退缩吧。"最终结果是陷入了失败的深渊。成功者遇到困难时，却会保持积极的心态，用"我要，我能""一定有办法"等积极的意念鼓励自己，于是便想尽一切办法，不断向前进，直到成功的那一天。

拿破仑·希尔曾讲过这样一个故事，对我们每个人都极有

第五章　希望一直在

启发。

　　以前，有一个人得了一种怪病，他终日为疾病所苦恼。为了能早日痊愈，他看过了不少医生，都不见效果。他又听人说远处有一个小镇，镇上有一种包治百病的水，于是就急急忙忙赶过去，跳到水里去洗澡。但洗过澡后，他的病不但没好，反而加重了，这使他更加痛苦不堪。

　　有一天晚上，他在梦里梦见一个精灵向他走来，很关切地询问他："所有的方法你都试过了吗？"

　　他答道："试过了。"

　　"不，"精灵摇头说，"过来，我带你去洗一种你从来没有洗过的澡。"

　　精灵将这个人带到一个清澈的水池边对他说："进水里泡一泡，你很快就会康复。"说完，就不见了。

　　这病人跳进了水池，泡在水中。等他从水中出来时，所有的病竟然真的消失了。他欣喜若狂，猛地一抬头，发现水池旁的墙上写着"抛弃"两个字。

　　这时他也醒了，梦中的情景让他猛然醒悟：原来自己一直都没有把那些坏心情抛弃，于是才得了这样的怪病。从那以后他不再消极，没过多久，他的身体也康复了。

积极向上的心态是成功者最基本的要素，是改变你命运的钥匙。当你认识到你自己的积极心态的那一天，也就是你遇到最重要的人的那一天；而这个世界上最重要的人就是你！积极的心态必须是正确的心态。忠诚、仁爱、正直、希望、乐观、勇敢、创造、慷慨、容忍、机智、亲切和高度的通情达理是拥有积极心态的人共有的特征。具有积极心态的人，总是怀着较高的目标，并不断奋斗，以达到自己的目标。消极的心态则具有与积极的心态相反的特点。如果说积极是人类最大的法宝，那么，消极就是人类致命的弱点。如果不能克服这一致命的弱点，你将失去希望，悲伤、寂寞、烦躁、颓废、痛苦将长伴你左右，到那时你的世界也会因此毁灭。

所以说，一个人能否成功，关键在于他的心态有没有摆正。成功人士之所以成功，就在于他有一种积极乐观的心态，而失败人士则运用消极的心态去面对人生。成功人士一直都用积极的思考、乐观的精神和百折不挠的行动支配和控制自己的人生。一些失败的人士是受过去的失败与疑虑所引导和支配的，他们常有的空虚、畏缩、悲观失望、消极颓废的心态，最终使他们走向了失败的道路。所以，纳粹德国某集中营的一位

第五章　希望一直在

幸存者维克托·弗兰克尔说："无论在何种环境下，人们都还有一种自由，就是来选择自己的态度。"因此，我们可以这样认为，影响我们人生的决不仅仅是环境，心态控制了个人的行动和思想。同时，心态也决定了自己的视野、事业和成就。仔细观察、比较一下成功者与失败者的心态，尤其是关键时刻的心态，我们将发现"心态"会导致人生惊人的不同。

成功学大师卡耐基曾讲过一个故事：塞尔玛陪伴丈夫驻扎在一个沙漠的陆军基地里，她丈夫奉命到沙漠里去演戏，她一个人留在陆军的小铁皮房子里，天气热得让人受不了——华氏125度。她没有朋友可以聊天，只有墨西哥人和印第安人，而他们不会说英语。她太难过了，就写信给父母，她说要丢开一切回家去。她父母的回信只有两行，这两行字却永远留在她心中，完全改变了她的生活：

"两个人从牢里望出去：一个看到泥土，一个却看到星星。"

塞尔玛一再读这封信，觉得非常惭愧。她决定要在沙漠中找到星星。

塞尔玛开始和当地人交朋友，他们的反应使她非常惊奇。她对他们的纺织、陶器表示兴趣，他们就把最喜欢的舍不得卖给观光客人的纺织品和陶器送给了她。塞尔玛研究那些引人入胜的仙人掌和各种沙漠植物,又学习有关土拨鼠的常识。她观看沙漠日落,还寻找海螺壳,这些海螺壳是几万年前、沙漠还是海洋时留下来的……原来难以忍受的环境变成了令她兴奋、流连忘返的奇景。

沙漠没有改变,印第安人也没有改变,但是这位女士的念头改变了,心态改变了。一念之差,使她把原先认为恶劣的情况变为一生中最有意义的冒险。她为发现新世界而兴奋不已,并为此写了一本书,以《快乐城堡》为书名出版了。她从自己造的牢房里看出去,终于看到了星星。

当我们能清醒地明白成功与失败的差别在哪里的时候,消极心态就会远离我们了。只要我们找出造成消极心态的原因,就不难找出对策。有了对策,消极心态就会被我们控制,就不会影响到我们。

第六章

欣赏自己

第六章　欣赏自己

打开自卑的枷锁

人是社会性生物,过的是群体生活。在这种生活中,有的人能生活得快乐,并收获成功,有的人却充满烦恼,把自己的人生搞得一团糟。为什么会出现两种截然不同的情况呢?其原因就在于后者把心灵拴上了自卑的枷锁。

也许每个人都有一点儿自卑情结:他们不仅自己瞧不起自己,还认为自己怎么看都不顺眼,总觉得矮人一头。也许正是因为他们有了这样的自卑意识,结果他们无论在工作中,还是生活中,同样认为自己怎么看都不顺眼,怎么比都比别人矮一头,自己怎么做都不会成功,总比其他人差。实际上真的是这样吗?其实,只要我们走出自卑的束缚,我们就会找到自己的优点,只要我们充满了信心,我们就会看到另一个世界,我们就会敢于面对一个真实的自我。

说实在的，自卑的人本身其实并不是他所认为的那么糟糕，而是自己没有面对艰难生活的勇气，不能与强大的外力相抗衡，致使自己在痛苦的陷阱中挣扎。所有在生活中说自己为某事而自卑的人们，都认为自卑不是好东西。他们渴望把自卑像一棵腐烂的枯草一样从内心深处挖出来，扔得远远的，从此挺胸抬头，脸上闪烁着自信的微笑。

"疯狂英语"的创始人李阳从小性格内向，他不仅自闭而且自卑，面对很多事情都有女孩子般的羞涩感。就是这样一个自卑且英语水平极差的人，为了挑战自我，挑战自卑，居然苦攻英语，终于创造了"疯狂英语"，成就了"疯狂的李阳"。

此外，新东方教育集团的创始人俞敏洪，同样是曾经深感自卑的一个人，他三次考北大三次落榜，几次出国都被拒签，连爱情都与他无缘，从他的回忆中可以感觉到他曾经是极度自卑的。所以他发出了呐喊："在绝望中寻找希望，人生终将辉煌。"于是，他的信心成就了新东方，成就了如今统领整个英语培训行业的领军人物。

有个小女孩的事情有点好笑，但它给了我一个很大的启示：自卑原来是自找的！事实也是如此，自卑的确是自己找的。

第六章 欣赏自己

在农村,一般都有穿耳孔的习惯。有个女孩儿也穿了耳孔,可是这个耳孔却因为意外而穿偏了,但是幸运的是这只是有个小眼,不仔细看的话是很难看到的。但是这个女孩却因自己耳朵的这个小眼儿而非常自卑,于是便去找心理医生咨询。

医生问她:"眼儿有多大,别人能看出来吗?"

她说:"我留着长发,把耳朵盖上了,眼儿也只是个小眼儿,能穿过耳环,可不在戴耳环的位置上。"

医生又问她:"有什么要紧吗?"

"哦,我比别人少了块肉呀,我为此特别苦恼和自卑!"

也许我们会说,这个小女孩太过较真儿了,然而这样的事情在现实生活中却并不鲜见。生活就是这样,如果我们对自己没有信心,让自卑的心困扰我们,我们就会被一些无关紧要的缺陷所包围。最常见的缺陷有:身体胖、个子矮、皮肤黑、汗毛重、嘴巴大、眼睛小、头发黄、胳膊细……这些几乎都是让我们产生自卑的理由,而我前面所说的"耳朵上的一个小眼儿"也是其中一个。然而,实际情况如何呢?只要我们想开了,我们就能坦然面对了。当我们把目光从自卑的人身上转到那些自信的人身上时:便会有新的发现:上帝并不是让他们全都完美无瑕的。如果用"耳朵上的小眼儿"这样的尺度去衡量，他们身上的种种缺陷也可怕得很呢！拿破仑身材矮小、林肯长相丑陋、罗斯福瘫痪、丘吉尔臃肿，但他们都没有因为这些缺陷而停滞不前，相反，他们以此为动力，奋斗不息，结果成就了自己的辉煌。所以说，看看这些成功人士吧，他们身上的缺陷哪一条不比"耳朵上的小眼"更令人"痛不欲生"？可他们却拥有辉煌的一生！如果说他们都是伟人，我们凡人只能仰视，就让我们再来平视一下周围的同事、朋友，你也可以毫不费力地就在他们身上找出种种缺陷，可你看他们照样活得坦然自在。自信使他们眉头舒展，腰背挺直，甚至连皮肤都熠熠生耀！

所以说，我们只有正视自己，只有正确地认识自己，才能走出人生的误区，才不会被自己的缺陷所困扰，才能敢于面对真实的自己，才能勇敢地接受现实、接受自我。这才是一个能成就大事的人所应该具备的品质。

心理素质强的人，勇于正视自己的缺点，接受自我。他们接受自己、爱惜自己，无论他们在人生的道路上结果如何，他们都会敢于面对，他们不会因失败而不求进取，也不会因失败而自暴自弃。因为他们知道，自己与他人都是各有长短的、极自然的人。对于不能改变的事物，他们从不抱怨，反而欣然接受所有自然的本性。他们既能在人生旅途中拼搏，积极进取，也能轻松地享受生活。只有勇敢地接受自我，才能突破自我，走上自我发展之路。

在人生的路上，有很多事情都不是外界强加给我们的，而是我们强加给自己的。我们没有充分地认识到自己，才会自卑感严重，在做起事来的时候才会缩手缩脚，没有魄力，结果让许多机会丧失，导致我们最终走向失败。所以说我们应该注意到，当我们一开始去面对一件事情时，就要鼓足勇气去面对，不要因为自卑而畏首畏尾。也只有丢掉自卑感，大胆干起来，我们才能走向成功。

认清自己

　　老子说:"自知者明。"一个人只有认清自己,才能在生活中更加充满智慧。如果一个人连自己是谁都搞不清,就只能像无头的苍蝇一样到处乱撞。但是认清自己又谈何容易,又有几个人敢说自己真的了解自己。

"认识自己"对于任何人来说都是很重要的,它不仅是一种对自我的认识或者自我意识的能力,还是一种可贵的心理品质。自我认识或自我意识,从字面来看,我们可以理解为对周围事物的关系以及对自己行为各方面的意识或认识,它包括自我观察、自我评价、自我体验、自我控制等形式。

　　从现实生活当中,我们可以清楚地认识到,一个人如何看待自己是与自身的自信心强弱有关的,自信心强的人能较好地看到自己的潜力,而自卑的人则会对自己有所贬低。我个人就

第六章　欣赏自己

有过这样的感觉,当我感觉我某天、某时心情不好的时候,那么,我那一天是不快乐的,但是,当我换另一种心态来证实我是快乐时,那么我的心情就会非常好。是啊,很多时候如果觉得自己是个乐观向上的人,就会表现得乐观向上;如果认为自己是个内向而迟钝的人,那很可能就会表现得内向迟钝。这些现象告诉我们的是,只要我们充分地相信自己,那么一切都可以改变。

可能,我们并不能完全了解自己,但是,至少我们可以让自己做得更好。一个人只有认清自己,在生活中才会更有目的性。人性是复杂的,有时连我们自己都会奇怪自己为什么会作一个古怪的决定。"不识庐山真面目,只缘身在此山中。"或许正是因为离自己太近,所以才迷失了自己吧!

我们看不清自己眼中的自己,却可以看清别人眼中的自己,所以我们可以通过别人的反应来观察自己。这也就是所说的"以人为镜"。

为了认清自我,科学家们也做了一些探索。美国的心理学家乔(Jone)和韩瑞(Hary)提出了关于自我认识的理论,被称为"乔韩窗理论"。他们认为,每个人的自我都有4部分,即公开的自我、盲目的自我、秘密的自我和未知的自我。那么,我们具体通过哪些途径来认识自己呢?

首先,从自己与他人的关系认识自己。我们每个人都生活在一个集体中,我们每天都在与不同的人打交道。而别人也总会对我们有一些印象,他们把对我们的感觉,如喜欢、讨厌、爱慕等种种情感通过自身所散发出的信息传递给我们,而这些信息被我们捕捉到,便会明白自己的形象。别人就成为反映我们自身的一面镜子。而我们又可以根据这些反馈的信息来不断地修正自己。

聪明而又善于思考的人可以从这些关系中不断地向别人学习,改掉自己的缺点,发挥自己的优点,让自己向着心目中那个完美的形象靠近。这时我们不仅仅是捕捉从别人那里传来的信息,还包括在与别人的比较中给自己定位。但是,在比较时应该注意到那些并不是标准,不能在跟别人的比较中而失去了自己。

其次,从自己与事的关系认识自己。也就是说,要从做事的经验中来了解自己。每件事的结果都是我们智慧的反映。我们从中可以发现自己的优点和长处,也可以发现自己的弱点和缺陷。对于聪明的人来说,他们总会从自己的经验中看到自己的影子,也可以从自己的失败中看到自己的不足。他们不断地吸取着经验教训，让自己逐渐得到改善。

再次，看清自己心目中的自己。这要求我们要从两个不同的角度去观察自己。第一，是自己眼中的我。这是指看清我们的一些外部特征，如相貌、年龄、气质等外在因素。第二，是我们内心中的自我，这就要求我们要静静聆听内心发出的声音，我们对自己的评价是什么；我们对自我的期待是什么；我们心目中那个完美的形象是什么样子；我们对自我的感觉是什么，讨厌或喜欢，接受或拒绝。只有让自己心中那个模糊的形象渐渐清晰了，才能更清楚地看清自己。

当然，认识自己不是一件容易的事情，但只要我们努力，总可以做得更好些。只有认清自己，才能在行动中减少盲目性，才能让我们在生活中少碰壁。比如，在制定目标时，我们只有了解自己的实力和优劣势，才能根据自身的情况制定合适的目标。在生活中，我们只有知道自己想要成为一个什么样的人才会采取相应的行动，制订相应的计划，而不是盲目地乱撞。

当我们认识自己以后，就要学会接受自己。接受自己就是正确地看待自己。我们每个人都有自己的优点，也都有自己的缺点，既不能因为身上的某些优点而骄傲自大，也不能因为身上的某些缺点而妄自菲薄。我们所要做的，就是用一种正确的心态来看待自己，不断地完善自己，改正缺点，发扬优点。没有必要去模仿别人，因为在这个世界上，每一个人都是独一无二的，我们有理由保持自己的本色，而不是在人云亦云中迷失自己。

接受自我意味着要爱自己。如果你爱过别人，就应该明白爱就是打开，就是容纳。你并不在乎他有什么缺点或者对你的态度，只是完整地接受，完整地奉献。这就是为什么会说"爱到深处人孤独"，因为这是全心全意地投入，忘我奉献的必然结果。

接受自我意味着完全信任自我。这就要求我们要时时聆听来自内心深处的声音，也就是上面我们所说的看清心目中的自己。然后使自己完全投入生活，而不是徘徊不前；觉得自己不够资格投身于人生的赛场，则意味着敬畏自己的人性本质和无限潜力。

接受自我是一种自爱，是自己对自己的爱惜。一个人爱惜自己就不会自暴自弃，在任何时候都会相信自己。自爱并不是自恋，自恋是一种以自我为中心的盲目的妄自尊大，往往只看到正面的自己，而看不到自身的缺陷，是一种心理不健康的表现。

一个人只有认识到自我才能在生活中不再盲从，也才能更加理性；而接受自我是我们进步和发展的先决条件，只有这样，我们才能全面地认识自我行为的性质，才能在面对困难和挫折时敢于相信自己、不抛弃自己，才能更加有勇气去面对生活中的风风雨雨。

欣赏自己

我们阅尽千山,欣赏大自然的旖旎风光;我们踏遍万水,陶醉于天地灵秀的神奇风韵。我们欣赏自己的朋友、家人,以便使自己家庭和睦、友谊长存。但是,往往我们却忘了欣赏自己。

陈蕾从小就特别敏感而腼腆,她长得非常胖,这一点从她的脸上看起来就更加明显。陈蕾有一个很古板的母亲,她认为一个女孩子必须保持以前老人的作风,穿衣服不能穿得花花绿绿的。她总是对陈蕾说:"宽衣好穿,窄衣易破。"而且总照这句话来帮陈蕾穿衣服。所以,陈蕾从来不和其他的孩子一起玩,甚至不上体育课。她非常害羞,觉得自己和其他人"不一样",并且封闭了她的生活,完全不讨人喜欢。

第六章　欣赏自己

　　长大之后,陈蕾在母亲的包办下嫁给一个比她大好几岁的男人,可是她并没有改变。她丈夫一家人都很好,对生活也充满了自信。陈蕾也尽最大的努力想去迎合家人,可是她并没有做到。为了使陈蕾能开朗地做每一件事情,家里人都尽量在不经意间纠正她自卑的心理,可是这样做使陈蕾变得更紧张,把自己关闭在黑暗与孤独之中。她躲开了所有的亲人与朋友。陈蕾觉得自己是一个失败者。所以,每次和家人共同出现在公共场合的时候,她都假装很开心,结果常常做得太过分。就是这样的生活陈蕾一直过了几年,但人的心理承受总有一个极限,当陈蕾的极限到了,她想到了自杀。

　　但是一件事改变了陈蕾的命运,让她从死亡的边缘走了回来。一次她在家里听到了婆婆对孩子说的话:"不管做人,还是做事,我们总要保持我就是我的原则或者保持本色。"

　　"我就是我,保持本色!"在那一刹那间,陈蕾发现自己之所以那么苦恼,就是因为她一直在试着让自己适合于一个并不适合自己的模式。

　　这次偶然的事件使陈蕾改变了,后来陈蕾回忆说:"从那以后，我开始改变我自己，我经过几天的思考，我知道了我不快乐的原因，于是，我开始保持我内心本色。我试着研究我自己的个性、自己的优点，尽量用适合我的方式去生活。我主动地去交朋友，常常与邻居到公园里去游玩。慢慢地我的勇气一点点地增加了，我也从中得到了许多快乐。这所有的快乐，是我从来没有想到的。在教育我自己的孩子时，我也总是把我从痛苦的经验中所学到的经验教给他们，不管做人，还是做事，我们总要保持我就是我的原则或者保持本色。"

欣赏自己是一种生存的智慧。一个懂得欣赏自己的人，才会体会到生活的快乐。如果你总是妄自菲薄，那么也就不会得到心灵上的平静，因此也就享受不到生活的快乐了。

当然，学会欣赏别人，可以让我们变得更加谦虚，也会让我们从他人身上吸收到更多的优点。但是，我们却不应该在欣赏别人的同时而迷失了自己。世界上没有完全相同的人。作为独立的个体，我们每个人都是独一无二的。因此，你要学会用自己的不同来装饰这个世界。或许，我们有些方面的确不如别人。但同时，我们自身也有令他人无法企及的专长。而这些，就是我们的财富。学会欣赏自己，你的心灵便会敞开，阳光也会照射进来。

也许，你并没有动人的容貌，也没有娇好的身材，但是你却有一个温顺的性格。因此，别人也都愿意与你接近，而这便是你身上的发光点。就算你有天使般的面孔和魔鬼般的身材，如果你个性乖张，蛮不讲理，也会遭到别人讨厌。

有句话说得好："人不是因为美丽才可爱，而是因为可爱才美丽。"无论多美的容貌，都会随着岁月的流逝而慢慢失去光彩。再优美的身材，也会随着年龄的增长而慢慢走了样。只有内在的美，才不会随着时间的流逝而渐渐消失。所以说，人不可貌相，拥有美好心灵的人比任何动人的容颜更能打动别人。

自信的人最美丽。因为他们的身上会流露出一种特殊的气质，让他们看上去充满青春活力。一个自卑的人却总会给人一种老气横秋的感觉。就算年纪轻轻，也会让人感觉如同秋日里飘零的黄叶，没有一点儿生气。没有一个人是完美无缺的，而正是因为我们的不完美，所以才有了更加广阔的发展空间。而在对美的追求中，我们的人生也才会变得更加充实、有意义。

学会欣赏自己，就是要学会欣赏自己身上的优点，能看到自己身上的长处。但是，如果你过于夸大自我感受，就会陷入盲目的自大中去，而那也是一种不健康的心态。因为它会让我们对自己的缺点视而不见，从而不思进取，生活在盲目的乐观之中。

那么，如何做才是真正地欣赏自己呢？

首先，寻找自己的优点。优点就是我们身上的那些长处和发光点。你只有看到自己的优点，才会变得自信。而一个有信心的人，才会对生活充满热情。

但是，从小到大，我们的师长就教导我们做人要谦虚。的确，谦虚是中华民族的传统美德。但是，我们却不应该躲在谦虚的背后而对自身的优点视而不见。我们的祖先留下这条训诫的目的是希望我们不要自满、骄傲。一旦我们内心有了这种不良思想，就会对自身的成长带来不利的影响。但是，正确的谦虚应当是在正确认识自己的基础上，然后知不足，而不是让我们抹杀了自信。所以，我们应当谦虚，更应当学会自信。只有这样，才能在生活中变得更有智慧。

其次，正确面对自己的缺点。对待自身的缺点，就更应该理智些了。既不能过于苛刻，也不能过于纵容。有些缺点是我们可以改掉的，这时你就应该尽自己的最大努力去克服。有些却是我们无能为力的，如天生的残疾、自身的容貌等，这时，就应该学会坦然面对。

第六章 欣赏自己

对待缺点，决不能姑息，那样只会使我们的缺点慢慢扩大，最终将我们吞噬。但是，对待自身，也不能过于苛刻。如果你因为自己身上的一两处缺点就把自己全盘否定的话，也会陷到自卑的深渊中去了。而且，有些缺点是我们长期以来形成的，因此改正的过程势必也会是一个长期的过程。急于求成，反而会让我们事倍功半，达不到理想的效果，还会让自己身心俱疲。所以，对待缺点的正确态度应是有则改之，无则加勉。

再次，多给自己积极的心理暗示。我们的思想，决定着我们的活动。你的态度积极，反映在行动上也会积极，对生活中的困难也就会更好地应对。而如果你对生活失去了希望，也只会成为命运手中的一颗棋子。

所以，我们要学会多给自己一些积极的心理暗示。因为潜意识是不分真假的，你怎样发出指令，它就怎样接收，并做出一定的反应。如果你不停地对自己说"我是最优秀的"，那么久而久之，你也会变得积极起来，对生活也就更加充满信心。而你的信心以及乐观的态度又会使你无论在生活还是在工作中都会更加得心应手。如果你总是否定自己，恐怕还没有动手，你就被自己内心的恐惧统治了。所以，我们必须学会积极地调整自己，以更加良好的心态来面对生活。

最后，不要让自己活在别人的眼光里，做真实的自己。世上，有太多的人不是为了自己而活着。他们太在乎别人的眼光、别人的喜好。于是努力使自己去迎合别人，结果最后却失去了自己的本性。

按照他人期望的模式生活，牺牲真正的自我，是天底下最愚蠢的事。因为那样只会让自己成为一具没有思想的躯壳。在这个世界上，每个人都是高贵的。而人之所以高贵的原因，是因为我们是自己的主人。如果你连自己都做不了，只会成为别人眼里的一个可怜虫。

正所谓"众口难调"，无论你怎样努力，都不可能得到每个人的欣赏和喜爱。索性不如做回自己，哪怕会冒天下之大不韪，只要可以保持自己的个性，那么他也是可爱的。

让我们学会欣赏自己，活出自己的个性。只要你学会自信自爱，你的人生就会充满活力与朝气。

第六章　欣赏自己

不要看扁自己

在我们的一生中，究竟什么是决定人生成功的重要因素呢？是气质，还是性格？是财富，还是关系？是勇敢，还是聪明？这些都不是。最重要的是自己必须相信自己，自己必须看得起自己。只有如此，才能在战胜种种困难过后迎来成功。我们要明白：只有相信自己，才能让我们的人生走向成功。

有一个学生，他一直都在心里问自己"我行吗"。在运动会的时候老师让他比赛，他连连摆手，依然问自己："我行吗？我在运动这方面可没有什么天赋啊！"高考时，父亲让他自己填写高考志愿，他一样道："除了读书，别的我什么都不懂，让我自己填志愿，我能填得好吗？填坏了，可别怨我。"到了外地上学,让他去银行办一张存折,可他一样怀疑自己不行。

他的个子比较小而且比较胖,有时同学们会拿他开玩笑。他虽然嘴里不说什么,但心里感到很难过。于是,他开始想办法减肥和增高。为了减肥每天只吃一点蔬菜和水果,结果他经常饿得头晕眼花。为了增高他长时间把自己的手吊起来,以致他时时会手痛。

其实,生活当中,你才是自己命运的主宰,是你生活的推动力。面对挫折和不幸时,相信你自己,相信你不比别人差,这样你才能更好地面对和解决这些挫折。你也不要为所犯的错误而折磨自己,也不必为自身的缺陷而轻视自己,更不要为生活中的不幸而纵容自己。这样只会让你的生活越来越无趣。

那么,怎样才能提高自信心呢?其实很简单,也很困难,提高自信心,首先就要学会接纳自己,它包括接受自己的缺点和优点。

接受,是对自己诚实,正视自我的存在,是完全地信任自我的体现;接受,意味着关注自己内心的感受,倾听内心深处的声音;接受也同样意味着用新的眼光看待自己,意味着使自己完全投入到生活当中,而不是徘徊不前,觉得自己不够资格投身于人生的赛场。我们可以把接受自我比喻成一个深爱别人的人。当你深爱那个人时,你就知道你应该怎样来对待自己了。爱一个人,是对他(她)打开心扉,容纳他(她)的美与丑、好与坏,是完全地接受他(她)。在这时候就不会去计较他(她)有什么缺点,或者对你的态度。你只是完整地接受,完整地奉献,这就是为什么会说"爱到深处人孤独"。因为这是全情地投入,忘我奉献的必然结果。所以,对待自己也需要用爱来对待。

接受自我是自爱的行为,他与自私、自恋有本质的区别。自爱是自我珍惜的情感,意味着接纳自我的同时会去珍爱这个世界。自私却是以个人利益为中心,不顾他人利益的一种选择。而自恋则是一种极端的表现。自恋也是三者当中最具危险性的。

自我接受看似简单,实际上它是我们获取进步和发展的先决条件。只有这样自我接受,我们才会更全面地认识自己的行为和性质,进而更自信地评价自己。同时,在接受自己的基础上,要学会自我解嘲。当一个人能够以幽默的方式嘲笑自己的不足时,他就能够获得超然的心境。波希霍汀是一位心理学家,他说过这样的一句话:"不要对自己太过严肃。对自己的一些愚蠢的念头,不妨'开怀一笑',一定能将它们笑得不见踪影。"是啊，相信自己并不是一件坏事，而是一件让自己走向快乐、美满的事。我们不妨去试着做一下。

美国布鲁金斯学会有一位名叫乔治·赫伯特的推销员，在2001年5月20日，他成功地把一把斧子推销给了美国总统小布什。这是继该学会的一名学员在1975年成功地把一台微型录音机卖给尼克松后，在销售史上所刻下的又一宏伟篇章。

乔治·赫伯特推销成功后，他所在的布鲁金斯学会就把刻有"最伟大推销员"的一只金靴子赠予了他。

布鲁金斯学会创建于1927年，该学会以培养世界上最杰出的推销员著称于世。布鲁金斯学会有一个传统，就是在每期学员毕业时，就会设计一道最能体现推销员能力的实习题，让学员去完成。

克林顿当政期间，布鲁金斯学会设计了这样一个题目：请把一条三角裤推销给现任总统。在克林顿执政的8年时间内，众多学员为此绞尽脑汁，最后都没有成功。克林顿卸任后，布鲁金斯学会把题目换成：把一把斧子推销给小布什总统。

但是，这个题目公布之后，许多学员都认为这是不可能做到的。有的学员认为把一把斧子卖给小布什简直是太困难了，

第六章　欣赏自己

结局和把一条三角裤卖给克林顿一样，会毫无结果。因为现在的布什总统什么都不缺，即使缺少，也不用你去推销，更不用说他亲自去购买，他完全可以让其他人去购买，而且卖斧子的商家众多，布什不一定会买你的。

但是，乔治·赫伯特却没有产生如此消极的想法，他也没有找任何借口不去做。他认为不管结果如何，只要自己去做了，即使没有结果也没关系，做总比没做好。

在他看来，把一把斧子推销给小布什总统是完全有可能的，因为布什总统在得克萨斯州有一个农场，里面长着许多树。于是乔治·赫伯特就给布什总统写了一封信，说："有一次，我有幸参观您的农场，发现里面长着许多矢菊树，有些已经死掉，木质已变得松软。我想，您一定需要一把小斧头，但是从您现在的体质来看，这种小斧头显然太轻，因此您需要一把不甚锋利的老斧头。现在我这儿正好有一把这样的斧头，它是我祖父留给我的，很适合砍伐枯树。假若您有兴趣的话，请按这封信所留的信箱，给予回复……"

在乔治·赫伯特把这封信寄出去不久，布什总统就给他汇来了15美元。

乔治·赫伯特成功后,布鲁金斯学会在表彰他的时候说:"金靴子奖已空置了26年。26年间,布鲁金斯学会培养了数以万计的百万富翁。这只金靴子之所以没有授予他们,是因为该学会一直想寻找一个人,这个人不会因为有人说某一目标不能实现而放弃,不因某件事情难以办到而失去自信。"

从乔治·赫伯特把斧子卖给布什总统这件事来看,自信对每个人都非常重要。无论我们面临的是学习压力,还是工作压力;无论我们身处顺境,还是逆境。只要我们有自信,就可以用它神奇的放大效应为我们的表现加分。因此,只要我们有信心,在别人看来不成功的事也会有成功的可能,在我们的字典里就不会存在着"不可能"这三个字。

所以,我们应该对自己自信一点儿,千万不要看扁自己,要始终相信自己。这样你才能最大限度地体现出自身的价值,创造更加美好的人生。

第六章　欣赏自己

你是最棒的

　　我们总是说：无论做什么，你一定要有自信。此话一点不假。信心是我们内心的支撑，如果没有自信，那么精神的大厦便会崩塌。没有坚定的精神作支撑，也难以做出多大的成绩。

　　信心，可以使平庸的人成就神奇的事业，也可以使软弱的人重塑内心的那份坚强。而一个没有信心的人，就像被人抽去了筋骨，一点儿承受挫折的能力都没有。

　　有一个知名的男模，他的长相可以说是百万人中难选一个，但是他总对自己的容貌产生一些疑问，他对自己的容貌始终没有自信心。他害怕别人向他投来注视的目光，他和女人约会时，常常感到自己很无趣，很紧张，就因为他脸上有个小得难以觉察的疤痕。尽管他在舞台上接受过许多赞美的目光,但是他心态让他惶惶不安。他始终对自己脸上的疤耿耿于怀,总害怕别人因为这个原因给他不好的评论。

为此,他找到了一位很有才华的老人,他希望在老人那里学到一些解决的办法。当他见到老人时,老人正在大树下喝茶。当这个男模把来的目的说给老人听时,老人对他说了一句话就再也没有开口。老人对他说:"如果我是你,我一定对别人说'我是最好的'。"男模回到家后,经过一夜的思考终于想通了老人的话。此后,男模每天都很快乐,再也不会为自己的一些缺陷而感到伤感了。

不要害怕别人怎么说你,你应该在众人面前大声地说:"我是最好的!"每个人都是最好的,不管你是美或丑,因为你的长相并不是你所能选择的,它是父母给的,所以不要因为长相而感觉自己总是比别人差。

当我们对自己失去信心的时候,我们要学着改变自己,在心里对自己大声说:"我是最好的!"那些自我价值建立在外表上的人,他们都害怕自己外表上丝毫的缺点会使别人对他大失所望。不管是在什么时候,当他面对镜子时,都会忍不住要

第六章 欣赏自己

盯住自己细微的缺点看,在心里总是想着怎样来解决这个缺点让它变得完美。所以,这个对自己失去信心的恐惧感怎么也挥不去。其实这就是个人心态的问题,如果你一直持有先入为主的成见,不能接受自己身体的某些部分或某些微小的缺点,即使你的长相有多么完美不凡,你还是会对自己感到不满意。

美不是一种外在的表现,它是内在的,一个人也许外表并不突出,但他能散发出重要性远甚于面貌特征的气息。这些气息有自信、勇敢、聪明、快乐等。当你拥有了这些气息的时候,你就是最美的。但是换一个角度,如果你鄙视自己,那么,你散发出的气息就会在无形之中告诉别人:"最好别看我"或"我长得不好,我又不懂得化妆……"到那个时候,你的这种自我批评就会使他人低估你的魅力。

对自己失去信心的人都是失败者,相反,那些对自己持肯定态度的人做事一般都会成功。因为,他们对自己有信心,相信自己是最好的,他们总是坚忍不拔地向着更美好的生活前进。对于失去信心的人来说,他们在心里只深信自己是二流的,永远不能走上成功的舞台,不时会对自己产生讨厌,对自己不太尊重,看不起自己。这些原因导致了他们在生活当中总是回避生活的挑战,面对需要得到帮助的人,总是不能向前再走一步,去帮助他们,始终在想自己的帮助对别人可能根本就派不上用场。其实,我们应该相信一句话:"天生我才必有用。"没有谁是无用的,就看你如何对待自己。否定自己价值的人将会失败,即使不会失败,也是碌碌无为地度过一生。

也许在我们上小学或中学时会有这样的同学,他们对自己的学习一直抱着失望的心态。他们一开始就认为自己不是读书的材料,认为自己没有这个天分,所以等待他们的将会是失败,或者平庸的一生。

否定自己的人,常常会身不由己地把注意力的焦点集中在他们最怕暴露的"缺陷"上。一个身材不好的女人害怕别人总是盯着她的身体看;一个脸上有缺陷的人,总是会把别人的注意力往其他的方面转移,不认真看她的脸;一个学习不好的人,当别人问起时,他总是半天不出声或者介入其他的话题。如果我们为自己小小的缺点而自暴自弃,即使别人想替我们破除障碍,提醒我们真正有吸引力的优点,恐怕也是有很大困难的。

生活当中,我们见过一些身体高或矮,或者特别胖的人,也许他会是你的朋友、你的同事。但你注意到他们对自己的态度了吗?他们当中有些人的态度总是那么从容自得,充满自信,根本没想到把他们和社会上一般的标准做比较。他们不会因为自己的身体而减损自信。美与丑、好与坏的评价在于观赏者的眼睛,其他人怎么说并不重要。他人的嘴不是你所能控制的,只要我们能控制自己的心态就够了。只要你相信自己是最好的,那么任他风吹雨打都不怕。

世上万物没有一物是十全十美的,再漂亮的房子也有缺陷,再新潮的电子产品也会有淘汰的时候。世界上最伟大的人物,他们一样有着许多的缺点,但是他们拥有良好的心态,他们都认为自己不比别人差,自己是最好的。如果你时常对自己有负面评价,并设想别人也如此对你,那么就会模糊了自己存在的意义,这样你的生活就欠缺了光彩。每个人都有自己的缺点和优点,长相好的人或许有一颗狠毒的心;长相一般的人,或许有一颗善良的心和好脾气;事业无成的人,或许孝敬长辈,热心公益;而那些事业有成的人,也许是偷税、走私得来的;学历不高、身份低微的人,或许个性谦虚,工作努力,所以好心态对任何人都十分重要。

科学家们曾做过一个实验:把狗困在一个迷宫似的用木板围成的甬道里,开始狗会拼命往上跳,但结果是每次都遭到电击的惩罚。最后,狗便渐渐放弃了希望,再也不往上蹿了。心理学家把这种现象称为"习得性无力感"。

而一个人自信心的丧失也与其有许多相似之处。没有人天生自信，也没有人天生自卑。自信和自卑都是在生活中慢慢培养起来的。其中造成这种结果的主要原因，就是我们面对困难的态度。如果你能正确地面对困难，就会建立起一种自信。如果在困难面前你总是怀疑自己，否定自己，那么在生活中也会变得越来越无力。一个人的成就永远都不会超出他的信心所能达到的高度。所以，只有建立起自信，你才会有一个不同的人生。

第六章　欣赏自己

克服懦弱

我们生活在一个和平的年代,这并不代表生活中会少了风浪。虽然没有了战场上的硝烟弥漫,但是一场没有硝烟的战争却正在进行。当今社会的各种竞争的强烈程度已经超过了历史上的任何一个时期。我们所遇到的各种困难仍不可小觑。在生活中,我们更需要的就是一种坚强。

从古至今,性格懦弱之人的归宿无一例外都是以悲惨告终的,无论达官显贵,还是王侯将相,都不能逃脱。

南唐后主李煜生性懦弱,最后沦为亡国之君,被鸩酒毒死。

当时,宋太祖肆无忌惮,得寸进尺欺压南唐,他在荆南制造了几千艘战船,以谋江南。当时的镇海节度使林仁肇听说后,便上书李煜,请求带兵迎敌。他请求李煜给他数万精兵,出寿春，据正阳，利用那里积蓄多年的粮草以及当地人怀念旧国的优势，收复疆土。起兵时，可以散布谣言说他举兵谋反，如此宋朝定无防备，便可攻其不备。

但李煜听后却吓得脸色发白，说这是引火烧身之策，万万不可。于是，错失了一次作战良机。

后来，沿江巡检点绛也前来献策，但也被李煜拒绝，使他失去了防御宋军南侵的另一次机会。

为了保全自己，李煜又想到了另一个办法，那就是向宋朝称臣纳贡，这样就免得他兴师动众，出兵征讨了。于是便给宋太祖写了一份上表。但是，这一切并没有阻止宋太祖的野心。宋太祖不但没有答应，还将他前去上表的弟弟扣押在京城。

后来，李煜又听信谗言，诛杀了林仁肇。而这又中了宋太祖的计策。因为宋太祖了解林仁肇的才能，知道他会成为自己攻取南唐的一大障碍，但自己又无能为力，于是便用了一个反间计。

宋太祖谋取江南之际，南唐中书舍人潘佑也多次向李煜上书，提出一系列的治国方针。李煜虽对其主张大加赞赏，但却

第六章　欣赏自己

从未付诸实施。结果，潘佑连上六道奏章，都如石沉大海，没有半点音信。潘佑忍无可忍，又上一道奏书。在这篇奏书里，他言辞激烈，而且把矛头直指李煜。李煜见后大怒，此时又有朝臣一旁怂恿，李煜不分青红皂白，命人从速捉拿潘佑。结果害得潘佑含恨自尽。

林仁肇和潘佑不仅是当时不可多得的重臣，还是大江南北诸国敬畏的名人。李煜诛杀他们，不仅让自己少了两个栋梁之臣，而且也引起了各方的不满。

宋太祖闻听李煜的所作所为之后心中暗喜，认为取南唐的时机已到。他便在京城给李煜修建一座宅院，召李煜乔迁，但李煜不受。于是他又想了一个办法，派人对李煜说，朝廷准备修天下图经，唯独缺少江南的版图。李煜自然明白这是什么意思，居然派人把自己国家的版图给宋太祖送去。宋太祖掌握了江南的地形及人丁数目，便胸有成竹地派兵直取江南。这时李煜才知道大势已去。当时朝中又有人建议组织敢死队，趁夜色出城，打宋军个措手不及，但生性懦弱的李煜还是没有同意。

最后，李煜被俘，成为宋朝的阶下囚，被封为"违命侯"。

　　一天，乌云密布，空中飘着细雨。囚禁李煜的宅第传出凄楚的歌声。这是侍妾们在为李煜祝寿，而她们吟唱的是李煜最近醮着血和泪铸就的一阕《虞美人》。而就是这阕词，为李煜招来了杀身之祸。原来，宋太宗在李煜的周围设下了许多耳目，这阕词被躲在暗处的耳目记下，然后报入宫中。宋太宗一直都打算谋害李煜，正愁没有理由，于是就以此为借口，派人送去一壶酒，将李煜毒杀了。

　　李后主就这样不明不白地死去了。害死他的凶手是谁？难道不是他自己的懦弱吗？古往今来，懦弱者的结局几乎都是千篇一律，很少有善终者。懦弱的人总是不敢面对困难，总是逃避现实，他们没有勇气去和困难抗争，最后只能落得悲惨的下场。

　　生活中，总是充满坎坷的。无论你身份多么高贵，地位多么显赫，无一不是如此。我们应该培养自己面对困难的勇气，不能一遇到挫折就来个"鸵鸟政策"，那样只会自欺欺人，不会对我们有任何帮助。其实，如果我们可以多一些勇气，就会发现好多事情是可以解决的，只是我们总是不相信自己。击败我们的往往不是挫折和困难，而是我们内心的怯懦和勇气。

第六章 欣赏自己

勇气也是可以培养的。如果你现在正缺少勇气的话，试试下面这些方法，或许会对你有所帮助。

首先，参加一些体育锻炼，尤其是一些具有冒险性的活动，如登山、跳伞等。研究表明，一个身体强壮的人在面对困难时比一个身体虚弱的人更能承受压力。多参加一些冒险性的运动，可以锻炼我们的勇气，并且使我们在面对困难时可以更加从容地应对。许多冒险家，他们身上的那种勇气就是这样锻炼出来的，因此在生活中他们应付各种棘手的问题时也就可以得心应手。另外，它还可以磨炼我们的心志，使我们在生活中可以增加智慧。

其次，调整好自己的心态，建立自信。信心是一个人的精神支柱，是产生勇气的源泉。如果一个人不相信自己，那么心志就会发生动摇。而怀疑和恐惧却是激发我们体内潜能的最大敌人。一个人的潜力是无限的，最关键的是要让自己迈出第一步。一旦你迈出了这一步，你会发现事实并没有你想象的那样困难。信心的建立可以通过一种心理暗示的方法，每当遇到困难，你应该告诉自己完全可以有能力将它解决。再就是多想一想自己的优点，这并非让你妄自尊大而闭目塞听，而是让我们消除对自己的那种负面想法，建立起积极的心态。当你的心中充满阳光的时候，勇气自然而然也就会产生了。

再次，学会把困难分解。困难作为整体，可能真的很难解决。但如果把他们分割成小部分再去解决，可能就会好多了。当然，也许有些部分是我们无论如何都没有办法解决的。没有关系，因为当你把能解决的问题解决之后，你就会发现虽然有些部分自己还是无能为力，但是它在你面前却已经小多了。

总之，勇气是可以培养的，懦弱是可以克服的，只要你有意识地让自己去改正，那么终有一天你会将它消灭。克服懦弱的性格，否则你只会成为生活的牺牲品。